森の力

植物生態学者の理論と実践

宮脇 昭

講談社現代新書

2204

目次

プロローグ　三〇年後の「ふるさとの森」に入ってみよう

なぜ私は木を植えるのか

私は植物生態学者として半世紀以上にわたって現場で調査・研究活動をしてきました。国内・海外を問わず、その土地には現在どのような植物が生きているのか（現存植生）、そして、もし人間が手をかけなくなった場合、その土地にはどのような植物が生きるはずなのか（潜在自然植生）。つまり土地本来の森はどのようなものなのかを調査・研究することを仕事としてきました。

私のことを知る人たちからすると「木を植える変わった人」のイメージが強いかもしれません。しかし、私にとって木を植えることは、調査・研究の延長にある「実践」にほかなりません。

調査・研究を続けているうちに、土地本来の森が世界中から消え去りつつあることに私は大きなショックを受けました。しかし、嘆いてばかりいても何も解決しません。そこで、少しでも土地本来の森をよみがえらせようと声をあげ、多くの仲間の協力を得て、森づくりを始めたのです。

こうして私は、国内外一七〇〇ヵ所以上で四〇〇〇万本を超える木を植えてきました。二〇一三年一月に八五歳になりましたが、おかげさまでまだまだ元気です。いままでも毎週のように世界中を飛び回っています。

この本は、私が続けてきた調査・研究・実践を通じて感じた「森の力」を読者のみなさんにどうしても伝えておきたいとの思いで書きました。

二〇一三年春には、いよいよ東日本大震災の東北被災地で、「いのち」を守る「ふるさとの森」再生の取り組みも本格的にスタートします。私も公益財団法人「瓦礫《がれき》を活かす森の長城プロジェクト」などを通じて本気でやります。本気になればなんとかなる。

ぜひみなさん、力を合わせてあなたのいのちを守る「ふるさとの木によるふるさとの森」をつくっていきましょう。二本植えれば林、三本植えれば森、五本植えれば森林ではないですか。小さな子供から学生、忙しく働いている壮年者、ひとまず仕事を終えた熟年者のみなさんまで、家族揃って木を植えてみてください。

私たちが四〇年前に発案したポット苗。その特徴は誰でも簡単に植えられることです。私はその小さな小さな苗木を小さな小さな手でていねいに植える姿を見るのが大好きなのです。

私も以前、米国に住んでいた幼い孫二人を雨の中にもかかわらず植樹祭に連れて行ったことがあります。夏休みが終わって米国に帰る時、「ディズニーランドよりも植樹祭の方が楽しかった」と言ってくれた孫たち。

子供たちが木を植えている様子
山元町八重垣神社　植樹祭実施報告
いのちを守る森の防潮堤推進東北協議会サイトより

小中学校の校庭でも児童・生徒たちが主役の「ふるさとの森」づくりを行ってきました。最初は渋々だったかもしれませんが、いざ植樹作業が始まると、子供たちもその保護者のみなさんも先生方も夢中になって植えています。

思い出深いのは、地元の小中学生約二一〇〇人を集めて行ったヤマタノオロチ退治の植樹祭です。当時の建設省(現・国土交通省)中国地方建設局(現・中国地方整備局）出雲河川事務所主催で二〇〇〇（平成一二）年から始まった「斐伊川《ひいかわ》放水路一〇〇〇年の森づくり」の植樹本数は六万本を突破しました。島根県出雲の地でヤマタノオロチのように古くから氾濫を繰り返しては大暴れしてきた斐伊川。子供たちが植えた森の力によって鎮められることになるでしょう。

こうした植樹祭に参加し、一人で一〇本も二〇本も植えた人は、我が子を置いてきたような気分になるようです。特に子供たちは木を植えたことをずっとずっと覚えているものです。自分が植えた木の生長を気にしているはずです。私の孫たちもそうでした。小中学校の児童・生徒たちもそうでした。

植樹とは子供たちの心に木を植えることでもあります。

子供たちからは「きっとあの小さな苗が私たちと一緒に大きくなると楽しみにしています」とか「あの木がけっこう育っている。うれしい」などと書かれた作文や手紙が数多く届いています。

木を植えたことを覚えているのは子供たちだけではありません。海外の著名な生態学者だって同じです。

海外の生態学者たちが日本を訪れた時、私は必ず植樹祭に連れて行き、彼らにも汗を流してもらうことにしています。三年後、五年後、時には八年経って再び彼らが日本を訪れると、忙しい日程にもかかわらず、「おいミヤワキ、俺が植えたあの木をもう一度見に行こう」と私を誘うのです。

木を植えることで、大人も子供もその生長を見守り育てたいという意識が芽生えてくるのです。その芽生えは次の世代へと受け継がれるでしょう。そうすれば、一〇〇年後には「いのち」を守る「ふるさとの森」が全国各地に根付いているでしょう。

緑豊かな日本は自然災害の多い国でもあります。台風や地震は必ずやってきます。そんな時でも「ふるさとの森」が、洪水、土砂崩れ、大火、津波などから、あなた、あなたの家族や友達、そして、あらゆる「いのち」を守ってくれることでしょう。

木を植えてくれたみなさんにお願いがあります。五年後、一〇年後、二〇年後、そして三〇年後の「ふるさとの森」に会いに来て欲しいのです。植樹祭だけではなく、育樹祭を行いながらの「ふるさとの森の同窓会」も開いて欲しいのです。

三〇年後の「ふるさとの森の同窓会」。そこでみなさんが目にする三〇年後の「ふるさとの森」。三〇年後の東北被災地の森。

その森はどんな姿でみなさんを迎えてくれるのでしょうか……。

三〇年後の「ふるさとの森」に入ってみよう

三〇年後の「ふるさとの森」はどうなっているのでしょうか。ここでは三〇年後の東北被災地の森の姿をイメージしながら、みなさんを「ふるさとの森」へとご案内したいと思います。

あの時、みんなが集まって共に汗を流しながら木を植えた場所はもう目の前です。見事な森が見えてきました。

ひときわ目立つ背が高い木はタブノキです。

小さな小さなタブノキのポット苗を片手に、みんなで「タブノキ・タブノキ・タブノキ」と三回連呼したことを覚えているでしょうか。

大きな大きな麦わら帽子と長靴がトレードマークの、小さいけれど元気な男のことを覚えているでしょうか。

あの時、「まじぇる・まじぇる・まじぇる(＝混ぜる・混ぜる・混ぜる)」と繰り返しながら植えたシラカシ、ウラジロガシ、アカガシ、スダジイも見事に育っています。

自然の森は自然環境の総和に対応して、土地本来の森の主木(群)を中心に形成されていました。主木とは、その森の高木層を優占《ゆうせん》しているメインの樹種です。

岩手県上閉伊《かみへい》郡大槌町北部の太平洋岸から関東以西の海抜八〇〇メートルまでの照葉樹林帯（常緑広葉樹林帯）であれば、シイ、タブ、カシ類といった高木が主木です。

照葉樹林帯を細かく見ていくと、海岸沿いはタブノキ、尾根筋ではスダジイ、内陸はコジイなどのシイ類、関東内陸部ではシラカシ、アラカシ、ウラジロガシ、アカガシ、ツクバネガシ、中部以西ではこれにイチイガシが加わります。沖縄や奄美《あまみ》諸島ではタブノキなどの他にアマミアラカシ、さらに沖縄本島北部の国頭《くにがみ》山地などでは、本土から続いて分布しているスダジイ（現地ではイタジイとも呼ばれている）林にオキナワウラジロガシが生育しています。

では実際に森の中に入ってみましょう。

タブノキなどの高木が太陽の光のエネルギーを吸収しているために、森の中は薄暗くなっています。

薄暗い中でもモチノキ、ヤブツバキ、シロダモなどの亜高木と呼ばれている木々が育っています。ヒサカキ、マサキ、アオキ、ヤツデなど、海岸近くではトベラ、シャリンバイ、ハマヒサカキの低木も元気いっぱいです。トベラの花からは甘い香りが漂っています。

足元にはヤブコウジ、テイカカズラ、ベニシダ、イタチシダ、ヤブラン、ジャノヒゲなどの草本植物が確認できます。

高木林内の亜高木や低木は一般に陰樹《いんじゅ》と言われ、高木層の樹冠から漏れる散光で生育します。日陰にも耐えられる植物なのです。

自然の森は、上から順に高木層、亜高木層、低木層、草本（下草）層、場所によってはコケ層から構成されており、垂直的に緑の壁を形成していることがわかります。

植物も小さい時には競り合いながらの「密度効果（density effect）」によって共生し、生長するにしたがって「自然淘汰（natural selection）」に直面しながらも、種の特性（能力）に応じて高木層、亜高木層、低木層と垂直的にすみ分けしながら多層群落の森を形成します。自然淘汰によって枯れた木も、林床《りんしょう》で土壌生物群によってゆっくりと分解されて養分となり、木々の生長を助けます。

自然界には無駄なものなど一切ないのです。

水際や草原などの開放空間と接する林縁では森の番兵に会うこともできるでしょう。

林縁を裾模様のように覆うのが「マント群落」と呼ばれているもので、キブシ、ウツギ類などの低木やツル植物のエビヅル、クズ、ツルウメモドキなどが該当します。

さらにその外側には、「ソデ群落」と呼ばれているヤブジラミ、ヤエムグラなどが細い帯状に草本群落をつくっています。

強い風や光が急に林内に入ると林床が乾いて森がピンチになります。そうならないように、林縁ではマント群落やソデ群落が帯状に取り巻いているのです。一見すると地味で目立たないこれらの草木ですが、森の保護組織の役割を担っています。それはまるで人間がケガをした時のカサブタのような役割を果たしながら、森を守っているのです。これが水平的な森のシステムです。

ドイツには「森の下にはもう一つの森がある」という諺《ことわざ》があります。これは「一見すると邪魔者に思える下草や低木などの下の森こそが、青々と茂る上の森を支えている」という意味です。

植物社会は人間社会と同じ。トップがホンモノなら子分もホンモノ、主役がホンモノなら脇役もホンモノ。ホンモノとは長持ちするもの。どんな自然災害にも耐えて、あらゆる「いのち」を守りながら、生き抜くものです。土地本来の森は、ホンモノ同士が

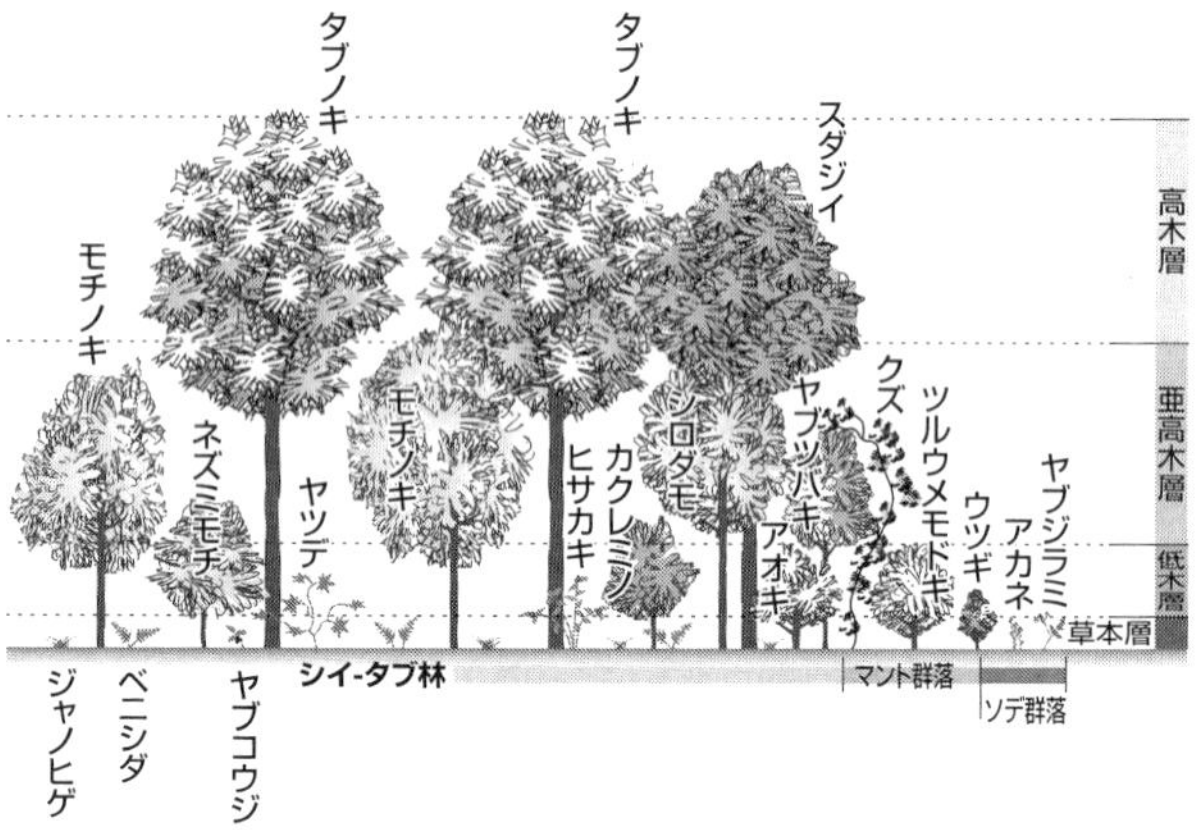

健全な照葉樹林のようす

『苗木三〇〇〇万本　いのちの森を生む』NHK出版、2006年より

「競争・我慢・共生」することで、厳しい環境にも耐えて長持ちするのです。

長い進化の歴史を経て、自然の森は垂直的にも水平的にも多層構造になっています。その結果、人と同じように自らを修復することもできるのです。

日本の鎮守《ちんじゅ》の森に象徴される土地本来の森。その林内は静寂かつ凛《りん》としています。だからこそ、そこは昔から、神々が宿るところ、神々が降臨するところ、荒らせば罰が当たるところと思われてきました。聖域とされ、みだりに人は立ち入りませんでした。そのため、人間活動の影響をあまり受けずに、階層のはっきりした多層群落が維持されてきたのです。

多層群落の森は、芝生のように一種類の植物だけを植えた単層群落に比べ、緑の表面積が三〇倍もあるため、防音、防塵《ぼうじん》、水質浄化、大気浄化、水源涵養《かんよう》、カーボン（炭素）吸収固定などの環境保全機能に加え、防風、防潮、斜面保全などの多様な災害防止機能も併せ持っています。

唯一の生産者がつくり出す循環システム

ほら、あそこにカブトムシがいます。さまざまな小動物も顔を出しています。「ふるさとの森」はドングリコロコロの森。あらゆる「いのち」を守る生物多様性に富んだ森です。

照葉樹林（常緑広葉樹林）の主木であるシイ、カシ類、あるいは落葉（夏緑）広葉樹林の主木であるブナ、ミズナラ、カシワなどもドングリをつけ、イノシシやクマやリスなどの野生動物の大好物です。タブノキのような漿果《しょうか》（液果）で野鳥などに運ばれる樹種も含めて、「ふるさとの森」はいわゆるドングリの森なのです。

自然環境がバランスよく整っている森には、微生物や昆虫、土壌生物群から爬虫類《はちゅうるい》、鳥類、哺乳類、林内のせせらぎの中の魚類などに至るさまざまな生き物が棲《す》んでいます。

植物がつくった有機物によって、すべての動物は生き延び、その死骸や排泄物《はいせつぶつ》は、地面や土中に棲むワムシ、アリ、ミミズ、ダニ類などによって取り込まれ、分解されます。

さらにカビ、バクテリアなどの無数の微生物群によってミネラルに還元されます。水に溶けたミネラルは、植物が根からの浸透圧によって吸収し、再び植物の生育に使われます。

その一方で、多種多様な生物が生存している豊かな森がつくり出す豊かな腐葉土の有機成分は、川を介して海へと流れ込み、海の生態系をも支えています。

森は「いのち」を守る循環システムの母体です。地域から地球規模に広がる物質循環システム・生態系（生産、消費、分解・還元）における唯一の生産者なのです。

人間がいくら威張ってみたところで、この循環システムの枠の中でしか生きていけないとても弱い存在です。消費者の立場で生かされているだけなのです。

森は私たちのようにおしゃべりではありません。何の理屈も語ろうとはしません。それでも、植物だけが地球上で唯一の生産者であることは間違いないのです。

植物起源の材料が持続的に供給される時のみ、私たち人間や他の動物たちは生きていけるのです。

あらゆる「いのち」を守る森

「いのち」の源である森。生物の生命力があふれる森。そこは同時に、火災、台風、洪水、地震、津波などの自然災害に対しても強い抵抗力を持った動的平衡状態を維持しうる集団をつくっています。

また、シイ、タブ、カシ類などの常緑広葉樹は、葉が厚く、水分を多く含み、なおかつ葉が密集しています。そのため、火災を防ぎ、延焼を食い止める火防木《ひぶせぎ》の役割を果たすのです。

一九七六（昭和五一）年一〇月に起きた山形県酒田市の大火（酒田大火）では、本間家という旧家に屋敷林として植えられていたタブノキ二本が屋敷への延焼を防ぐ役割を果たしたことから、「タブノキ一本、消防車一台」と言われたほどです。

また、常緑広葉樹の根は深根性《しんこんせい》・直根性《ちょっこんせい》のため、しっかりと土壌をつかみ、少々の台風や地震や津波にも倒れません。

いま立っているこの「ふるさとの森」の下には、東日本大震災で亡くなった方々の思い出も詰まった瓦礫がたくさん埋められています。すでに根が土の中の瓦礫をガッシリとつかんでいるでしょう。そのため、より丈夫になっているはずです。

「ふるさとの森」とはホンモノの森のこと。多層群落の森のこと。潜在自然植生に基づく土地本来の森のこと。あらゆる「いのち」を守る森のこと。長持ちする森のこと。人の手をかけずに一〇〇年、一〇〇〇年生き抜く森のこと。

爽やかな風が吹いてきました。青葉が輝きながら揺れています。野鳥のさえずりも聞こえています。

自然が発している微《かす》かな予兆に耳を傾けましょう。「いのち」の尊さ、はかなさ、厳しさ、そして偉大さを感じ取ることができるでしょう。

三〇年後の「ふるさとの森」は、「いま、生きている」ということがこの世で最も大切だということを教えてくれるはずです。

第一章　原点の森

おんざきさん（中野神社）の鎮守の森

「おんざきさん」の鎮守の森

一九六〇（昭和三五）年夏、ドイツに来てから丸二年を迎えようとしていた私のもとに一本の国際電報が届きました。それは横浜国立大学の学芸学部長からのものでした。私は同学部生物学教室に所属していましたが、研究助手も文部教官ですから、二年以上籍をあけると休職になる。よって、「一〇月までに一度帰国せよ」という内容でした。

当時の私はドイツ国立植生図研究所の所長を務めていたラインホルト・チュクセン教授のもとで「植物社会学」と「潜在自然植生」を徹底的に教え込まれていました。

チュクセン教授はハイデルベルク大学で有機化学を専攻した分析化学者で、その後は植物社会学の祖であるヨセフ・ブラウン－ブランケ博士を師としながら、「原植生（原始自然植生＝人間が影響を加える直前までの植生）」「現存植生（人間によって変えられてしまった後の植生＝現在私たちが目にしている植生）」に次ぐ、第三の植生概念としての潜在自然植生を世界に向けて発表したばかりでした。

チュクセン教授からは「少なくとも三年間は私の下で勉強しなければ、潜在自然植生を見抜く力は身につかない」と前々から言われていました。私も当然その覚悟をしていました。

ところが、その電報を受け取った途端に、なぜか私は無性に日本が恋しくなった。一刻も早く日本に帰りたくなりました。

恐る恐るチュクセン教授に相談すると、「いまお前が日本に帰っても必ず壁に突き当たるだろう。チュクセンの弟子だと語られても私の名がすたる。少なくともあと一年はドイツで勉強するように」と繰り返します。

そう言われても帰りたくて仕方がない。結局は三年以内にもう一度ドイツに戻ってくることを約束し、帰国することになりました（以後、チュクセン教授が亡くなる一九八〇年五月まで二二回、師のもとを訪ねることになります）。

とはいえ日本に帰ってからどうしよう。チュクセン教授から学んだ潜在自然植生を日本でどう活かせばよいのか。日本における潜在自然植生はどこにあるのか。私にそれを見抜く力はあるのか。不安ばかりが募ります。眠れぬ夜が続きます。

帰国が迫ってきたある夜、不思議なことにふるさとの夢を見ました。年に一度、一一月末に行われるお祭りの風景。その舞台となった鎮守の森が夢の中で浮かび上がっていました。

そこは私にとって原点の森。幼いころから近所の友人たちと遊んだふるさとの森。戦死した兄たちの思い出が残る鎮魂の森です。

一九二八（昭和三）年一月二九日、私は岡山県川上郡吹屋町《ふきやまち》中野（現・高梁市成羽町《たかはしなりわ》）の農家で男ばかりの六人兄弟の四男として生まれました。そこは吉備《きび》高原の海抜四〇〇メートルの山間部にある農村です。実は妹が一人いたのですが、幼い時に病気で亡くなりました。私も小さなころは体が弱く、三歳の時には脊椎《せきつい》カリエスに、その後腎臓も患いました。

そのため、外で遊び回るより自宅二階の窓からぼんやりと外を眺めていることが多かった。よく目にしたのは、農家の人たちの雑草取りの様子です。「大変そうだな」との想いが、後に雑草生態学を学ぶきっかけになったのだろうと思います。

四歳ごろのこと。父親と一緒に牛にまたがり、朝露を踏んで芝山へと草刈りに出掛けました。その帰り、自宅近くの柿の木にオデコをぶつけて落馬ならぬ落牛。大怪我をしたこともありました。その傷のせいで女の子にもてなかったのでしょうか。その時の傷はいまも残っています。

さて、原点の森は自宅から尾根沿い二〇〇メートルほどの距離にありました。地元の人は親しみを込めて「おんざきさん」と呼んでいた御前神社《おんざき》（現在の中野神社）の鎮守の森です。

一一月末になると「おんざきさん」では年に一度の秋祭りがあります。ふだんは無人の社でしたが、この日だけは特別でした。お祭りではハマチの刺身やタコの酢の物などの時季の生魚が食べられるので、私も楽しみにしていました。当時は冷蔵庫もなく、夏の間はカツオ節やいりこぐらいしか食べられなかった。誰もが塩漬けされていない無塩の魚に憧れている時代でした。

宴が果てる夜一二時を過ぎるころから、紅白の幔幕《まんまく》が張られた社の中で、神楽《かぐら》が行われます。猿田彦《さるたひこ》の舞い、大黒《だいこく》様の餅投げ、スサノオノミコトのヤマタノオロチ退治など神楽の演《だ》し物は毎年同じでしたが、朝の四時半、五時まで続きます。それがいまでは文化財にまでなっている備中《びっちゅう》神楽であることは後に知りました。

ある年の神楽が終わった後のことです。私は境内にあった大きな木の下に寝そべって空を見上げていました。まだほの暗い空と刺すような冷気の中、太い木の枝が黒く浮かび上がっているのがとても印象的でした。幼い身体に襲いかかってくるような恐怖さえも感じました。

異国の地でふとその光景が夢に出てきた瞬間に、「もしかすると、あのおんざきさんにあった木こそが、中国地方山地南側海抜四〇〇メートル前後の潜在自然植生の主木ではないか」とひらめいたのです。

あの鎮守の森こそが日本古来の森に違いない。

そう確信した時、身震いするほど興奮しました。それが私にとって本当の意味での「日本の森」との出会いの瞬間でした。

帰国してすぐに故郷に行って調べてみると、まさにその木はアカガシとウラジロガシで、岡山県など中国地方山地の潜在自然植生の主木であることがわかりました。

ドイツに留学するまで、私は雑草にしか興味がなかった。しかし、帰国後からは、土地本来の「ふるさとの木によるふるさとの森」がまだ残されている全国各地の鎮守の森や古い屋敷林、急斜面に残されている樹林などを対象に徹底的な現地植生調査を開始することになります。

私がタブノキにこだわる理由

「ふるさとの森」づくりの主木群の中でも、私はとりわけタブノキに愛着があります。教え子たちから「先生はタブノキを見ると頬が緩む」とよく冷やかされたものです。「宮脇といえばタブノキ、タブノキといえば宮脇」と紹介されることもあります。

その原点となったタブノキもまた鎮守の森があった場所にひっそりと佇《たたず》んでいました。

広島に原子爆弾が投下されて四年後の一九四九（昭和二四）年、私は郷里に近い旧制の広島文理科大学（現・広島大学理学部）の生物学科植物学専攻に入学。そこで本格的に雑草生態学の研究を始めることになります

当時はまだ赤茶けた瓦礫が残り、爆心地の半径二キロ周辺にはまったく樹木が残っていませんでした。世間では「今後一〇〇年間は緑が出てくることはないだろう」などと言われていました。

そんな五月半ばのある日、各地の植物を調べていた私は、爆心地から約一キロ離れた神社を訪れました。鎮守の森があった場所には、三本のタブノキが枝葉を枯らせて白骨化した棒のようになりながら、空に向かって立っていました。

その近くに歩いて行きます。すると、一本の幹の根元からタブノキ特有の薄赤い新芽が出ているではありませんか。トキの羽のように光沢のある微妙な美しさです。

なぜタブノキだけが再生しているのかと不思議に思うと同時に、タブノキにはこんな強い生命力があるのかと感動したことを、その新芽の色とともに鮮明に覚えています。

その新芽は、私が卒業する三年後には三メートルの高さにまで生長していました。

その後、日本各地で徹底的な現地植生調査を続けるうちに、いまなお地味で目立ちこそしませんが、タブノキこそが日本人の「ふるさとの森」の主木として、鎮守の森の守り神として、古来人々から畏れ、敬われてきた存在であることをつきとめたのです。

タブノキの新芽

一九七五（昭和五〇）年春、国文学者、民俗学者の池田弥三郎・慶應義塾大学教授（当時）が私の研究室を訪ねて来られました。

池田教授いわく「恩師である折口信夫の大作『古代研究』の口絵には、石川県能登半島で撮られた見事なタブノキの大木の写真が掲載されているが、その説明がない。どんな意味があるのか教えて欲しい」とのこと。

あの偉大なる民俗学者・折口信夫先生がタブノキに深い関心を持っていたようです。

私は「タブノキこそが日本の照葉樹林文化の原点です」と申し上げました。さらに「タブノキが自生していたのは土壌条件が良い場所でした。そのため最初に開発され、破壊されて、田んぼや畑や集落になりました。いまでは限られた鎮守の森や屋敷林や斜面林などにしか残っていません」と説明しました。

池田教授は、タブノキと日本文化の深い繫《つな》がりを知って大いに感激され、一九八〇（昭和五五）年三月七日には退職金の一部を使って東京・三田の慶應義塾大学国文学教室斜面にタブノキの苗を植えました。その際は私もお手伝いさせていただきました。現在、三田キャンパスには、その経緯を記した「たぶの森由来」という碑が設けられています。

見えないものを見る力

ドイツでチュクセン教授から潜在自然植生を学び、帰国直前のあの夜の夢でふるさとの鎮守の森と再会。広島原爆の跡地に芽生えた鎮守の森のタブノキの新芽の記憶もよみがえってきました。

日本の潜在自然植生を鎮守の森に見出し、その時すでにタブノキを主木とした「ふるさとの木によるふるさとの森」づくりの輪郭もぼんやりと見えていたように思います。

ある時、チュクセン教授は私にこう言いました。


見えるものしか見ようとしない若者が多いが、見えているのはごく一部に過ぎない。見えないものを見る力を養って欲しい。そのために、現場で、目で見、匂いを嗅《か》ぎ、舐《な》めて、触って、調べる。君にはその能力があるはずだ。


以来、私はそれまで以上に現場にこだわり続けてきました。そこで、見えないものを必死で見ようとしてきました。ホンモノを見抜く力を養おうと努力しました。

自然が発している微かな予兆に耳を傾けました。そうすれば、見えない全体も見えてくるものです。その奥にある本質が次第に見えてくるのです。

見えない全体を読み取るために、その対象は森だけではなく、人間社会にも目を向けました。そして、いまもなお「現場・現場・現場」の人生を歩んでいます。

一九八〇（昭和五五）年五月、チュクセン教授が亡くなる直前の病床を見舞った時、やせ細った手で、精一杯私の手を握り、微笑みながら最期の言葉をいただきました。

ブラウン－ブランケが種を播《ま》き、大きくした植物社会学。そこに私が植生図という幹を育てた。そして、お前が日本でホンモノの森の再生回復という花を咲かせ、実をつけ始めてくれている。

ラインホルト・チュクセン教授

チュクセン教授こそが、私の潜在能力を見抜き、誰よりも信じ、高く評価し、最期まで見守り続けてくださったのです。

第二章　始まりは雑草から

雑草の現地調査中。左が筆者、右の助手の学生は胴乱に腰かけている。1956年

「雑草」で巡り会う二人の恩師

私の現場主義はドイツ留学以前から培《つちか》われたものでした。その師は広島文理科大学時代の堀川芳雄教授です。

堀川教授は、コケ類の分類学専門であると同時に、植物生態地理学の研究も進めていました。教授は日本列島各地を現地調査し、植物の分布を調べた『アトラス・オブ・ザ・ジャパニーズ・フロラ』（一九七二〜七六年）という英文の大著を出版され、国際的にも評価されています。

堀川芳雄教授

堀川教授の弟子たちは、分類学と植物生態地理学、さらにその生き方と現地調査のノウハウを学び取りながら、卒業後はフィールドを中心とした研究者へと巣立っていきました。もちろん私もその一人です。

広島文理科大学の卒業論文のタイトル

は「ラウンケーの生活形による雑草群落の研究」。その際にご指導いただいたのも堀川教授です。

まもなく二年生が終わろうという正月に堀川教授宅を訪問し、雑煮《ぞうに》をご馳走《ちそう》になったときのことです。堀川教授は「おい、宮脇君、いよいよ卒業論文だが、何をテーマに選ぶのか」と聞いてきました。

私は躊躇《ちゅうちょ》なく「雑草生態学をやります」と答えました。その時の堀川教授のアドバイスはこんなものでした。

「雑草か。それは大事だぞ。ただし、宮脇君よ。雑草生態学なんかやっても一生日の目を見ないだろうし、誰からも相手にされないだろう。まぁ、生涯を賭ける決心があるなら、是非やりたまえ」

堀川教授の指摘は正しいものでした。雑草など当時の学界の誰からも相手にされなかったのです。

しかし、堀川教授とラインホルト・チュクセン教授という二人の恩師に恵まれたのは、雑草のおかげです。

東京での「二足の草鞋」生活

大学を卒業してからどうしよう、ふるさとに帰って中学の教師にでもなろうかと思っていました。東京農林専門学校（現・東京農工大学）を卒業し、広島文理科大学に入学するまでの一年間を母校である新見農業高等学校の生物と英語の教師として過ごしたことがあったからです。

しかし、広島文理科大学生物学教室植物生理学担当の福田八十楠《やそな》教授に突然呼ばれて、ふるさとに帰るなら、東京に行くようにと勧められました。

東京に着くと、そのまま赤門をくぐって東京大学理学部植物学教室へ。そこで待っていたのは当時、日本植物学会会長を務めていた小倉謙《ゆずる》・東京大学教授です。植物形態学・植物解剖学の確立・発展に尽くした人物として広く知られていました。

すぐに口頭試験が行われ、東大旧制大学院への入学が決定。所属は植物形態学を専門とする形態学研究室になります。

形態学研究室に通い始めて一ヵ月が過ぎようとしていたころでしょうか。今度は堀川教授から「横浜国立大学の教授会で君を文部教官学芸学部助手に採用することが決まったので、横浜国大に行くように」と連絡が入ります。

私は悩みました。小倉教授も「新制大学の助手や助教授などいつでもなれるのだから、もう少し勉強したほうがよい」と言われます。しかし、毎月の定収入がある助手もありがたかったのです。

話し合いの末に決まったのは、東大大学院と横浜国大にそれぞれ週三日ずつ通うというものでした。官立の大学院生と文部教官である助手を兼ねることはできないとの理由から、東大の大学院生から研究生へと移籍することになりました。

「現場・現場・現場」

東大大学院と横浜国大という二足の草鞋《わらじ》生活が始まりました。それぞれ週三日ずつ通うことにはなっていたものの、実際に大学の構内に足を運んだのは、両方合わせて年間の三分の一程度でした。

では残りの三分の二は何をしていたのか。ひたすら「現場・現場・現場」です。雑草の生態を調査するために本格的なフィールドワークの第一歩を踏み出したのです。それは一九五二(昭和二七)年春のことでした。

春夏秋冬それぞれ六〇日間、年間合計で二四〇日間を雑草の現地生態調査に費やしていたのです。六〇日かけて北海道から九州まで全国およそ一二〇ヵ所をめぐる旅を一年間に四回繰り返しました。その生活は六年間続きます。

つまり、六年間の合計一四四〇日が「現場・現場・現場」。水田、畑地、農道などの各植生を測定、記録し、採取した植物を入れるブリキ製の胴乱《どうらん》を背負いながら、日本各地を走り回っていました。

大学からの調査費は一切出ていなかったので、それはもう貧乏旅行。普通電車や夜行列車を乗り継いで行く旅。野宿か列車泊の旅でした。

私を主人公にした『魂の森を行け』（新潮文庫）、『宮脇昭、果てなき闘い』（集英社インターナショナル）の著者・一志《いっし》治夫氏は、当時の私を「狂気としかいいようのない」と書いています。確かに現在のみなさんからすれば、異常ともいえる日々に見えるでしょう。

しかし、苦しいからやめたいなどと思ったことは一度もありません。いまから振り返ってみても、生きがいを感じる充実した毎日が続きました。

心の支えになっていたのは、「春夏秋冬それぞれ六〇日間日本一周雑草の旅」構想を申し出た時に、快く送り出してくださった堀川教授からいただいた「おい宮脇、君ならやれる。俺もやっているんだから」の一言でした。

チュクセン教授との出会い

「現場・現場・現場」生活の合間を縫って、国際的植物雑誌『ザ・ボタニカル・マガジン』に投稿したドイツ語論文「三種のエリゲロン属の根の形態学的研究」が、後の私の人生を大きく変えることになります。

この論文がラインホルト・チュクセン教授の目にとまり、一通の航空便が届いたのは一九五七（昭和三二）年五月のことでした。その中にはこんなことが書かれていました。

雑草は人間活動と緑の自然との最前線に位置する植物群落である。これからはより活発な人間活動と植物とのせめぎあいの最も厳しい接点になるであろう。果樹や農作物のためだけではなく、人間と自然との関係、さらにこれからは自然保護、環境問題の基本として非常に大事な研究対象である。俺も研究をしているからお前も来い！

植物生態学の本場であるドイツからの留学の誘い。それは願ってもないことでしたが、横浜国大助手としての月給は九〇〇〇円。当時のドイツまでの往復の航空機代は四五万円でしたから、とてもとても行けるような経済状況ではありません。

それでも諦めたくなかった。チュクセン教授の勧めもあってフンボルト財団の研究奨学金制度を活用することにしたのです。しかし、ドイツ語の読み書きは別として、話したり聞いたりができなかった。そのため、的外れな答えを繰り返して一回目は口頭試験で不合格。二回目の試験でようやく合格しました。

なんとしてもドイツに留学したい。そのためにドイツ語の授業も受けに行きました。その月謝は七〇〇〇円。月給九〇〇〇円から月謝七〇〇〇円を差し引いて、残り二〇〇〇円が生活費。しかも、その時すでに私は結婚していたのです。妻はさぞかし大変だっただろうと思います。

ハルとの結婚

大分県杵築《きつき》市の造り酒屋の長女・ハルと出会ったのは広島文理科大学時代のこと。当時ハルは高校生でした。その後ハルは実家に戻って地元の短大へ。

ハルとの再会のきっかけはなんだったのか。あまり大きな声では言えませんが、それもまた「雑草」だったのです。

「春夏秋冬それぞれ六〇日間日本一周雑草の旅」のほとんどは野宿か列車泊。布団で寝るのはほんの数日。その時にお世話になったのは広島文理科大学の卒業生宅でした。卒業生名簿を開いて、見ず知らずの先輩に手紙を送って泊めて欲しいと頼むのです。

貧しい旅の途中、おいしいものも食べたくなります。大分周辺でどこかいいところはないものかと考えている時に、「そうだ！　ハルの実家だ！」となったわけです。ハルの実家には年に四回も、助手役の研究生・遠山三樹夫（のちに横浜国立大学教授）と二人でお邪魔して、ご馳走をいただきました。

ハルと結婚したのが一九五六（昭和三一）年三月一七日。場所は東京・椿山荘《ちんざんそう》。媒酌人は小倉謙教授御夫妻です。新婚旅行で向かった先は紀伊半島。それもまた現地植生調査のついでのようなものでした。

長男が誕生したのは一九五八（昭和三三）年八月一五日のこと。大分の実家でその顔を見たのは、当時招聘《しょうへい》教授を務めていた琉球大学から帰る途中のわずか一夜の一瞬のみ。ハルの実家周辺で「あれでも親か。人間じゃない！」との声が飛び交う中、その約一ヵ月後にはドイツへと旅立つことになります。

これこそ大きな声では言えませんが、日本に帰国した時も、忙しさのあまり、ハルの実家に連絡するのをズルズルと遅らせていました。

帰国してから一週間ほど経ったころでしょうか。その時私は公用旅券よりはるかに遅れて帰国したので、始末書を書くなど帰国手続きのために東京・練馬の長兄の家にいました。そこに一本の電話。それはハルの父親からのもので、「そろそろドイツから戻ってくるのではないか。兄に聞いてみよう」と電話をかけてきたのです。

受話器を取ったのは、長兄ではなく私。バツが悪いもいいところ。

驚いた父親は慌ててハルに受話器を手渡しました。気まずい雰囲気の中で受話器の向こうから聞こえてきたのはハルの冷めた「おかえりなさい」の一言。私は返す言葉が見つかりません。

そんなことがあっても研究一筋。「家庭を顧みない男コンテスト」があれば、私は間違いなく本命としてノミネートされるでしょう。いい夫でもなければ、いい父親でもありません。子供たちの父親参観や運動会や学芸会に顔を出した記憶もありません。

いつしかハルは諦めの境地で私と接するようになっていました。

ドイツへ

ドイツ留学を前に生涯忘れることができない感動もありました。それは、小倉教授が私を呼んで、「実は家内と相談して、宮脇君のドイツ留学のために銀行からお金をおろす準備をしました。お金のことは気にしないで、ぜひドイツにいってらっしゃい」と言ってくださったことです。

さすがに小倉教授の申し出に甘えることはできなかった。それでもそう言ってくださったことが本当にうれしかったのです。

ドイツへの出発は一九五八（昭和三三）年九月二八日。それは伊豆半島と関東地方に大きな被害を与えた「狩野川台風」上陸の翌日。私がちょうど三〇歳の時でした。この日から二年あまり、その後も断続的に渡独しながら、ドイツ国立植生図研究所の所長を務めていたチュクセン教授から植物社会学と潜在自然植生の理論と現場を徹底的に教え込まれることになります。

飛行機を乗り継ぎ到着したブレーメン。そしてチュクセン教授との初対面。その風貌からはドイツの古武士のような威厳を感じました。

チュクセン教授は私と会うなり「何年か前の国際会議で遠目に見たことはあるが、こうして日本人を間近に見るのは初めてだ」と言いながら、おもむろに『ブロックハウス』という二三巻の大事典の中から一冊を取り出しました。「ヤパーナ」のページを開いて読み上げます。

「蒙古《もうこ》属の一亜種。体軀《たいく》は矮小《わいしょう》にして、頬骨が出ていて、目と髪が黒い……」

そして私の顔を見ながら、にやりと笑ってこう言いました。

「なるほど、君はまさにホンモノの日本人だ」

その翌日から始まるチュクセン教授の特訓生活。チュクセン教授もまた現場第一主義。ドイツでも朝から晩まで「現場・現場・現場」です。

特にチュクセン教授の土壌断面に対する執着は凄《すさ》まじかった。土壌断面をとるために一日中スコップで穴を掘る日が続きます。土壌断面を見れば、その地の潜在自然植生がミズナラ―ブナ群集域であるか、シラカンバ―ミズナラ群集域であるかがわかるということも教え込まれました。

チュクセン教授から学んだ植物社会学的調査研究法は、実に緻密で客観的な植生調査・解析総合法でした。日本で行われていた文献頼みの「見よう見まねの調査法」とはまったく異なるものです。日本にとどまっていれば、二〇年、三〇年かけても到達できなかったであろう本質的な自然観や植生観に基づく客観的な調査研究法を学ぶことができたのです。

しかし、さすがに来る日も来る日も植生調査した立地の土壌断面を調べるための穴掘りが続くと嫌気がさしてくるものです。ドイツでのあまりの「現場・現場・現場」生活に我慢できなくなったこともありました。

ある時、私は思い切って「もう少し科学的な勉強がしたい。高名な教授の講義も聴きたい。いろいろな論文も読みたい」と訴えました。

その時チュクセン教授はどう応じたのか。私の顔をじっと見ながら語り始めます。

「お前はまだ人の話を聞くな。誰かが話したことの又聞きかもしれないぞ。お前はまだ本を読むな。そこに書いてあることは、誰かが書いたやつの引き写しかもしれないぞ。話はいつでも聞けるし、本はいつでも読める。大事なことは、部分的あるいは結論めいた話や本にあるのではない」

そしてこう続けました。

「見たまえ、この大地を。見たまえ、この自然を。ホンモノのいのちのドラマが目の前で展開しているではないか」

そうです。この後にあの言葉が飛び出してきたのです。

「お前はまず現場に出て、自分の体を測定器にすればいいのだ。現場で、目で見、匂いを嗅ぎ、舐めて、触って、調べろ」
チュクセン教授の現場哲学が私の全身に植え込まれた瞬間でした。

「危機はチャンス、不幸は幸福」の一〇年間

私がドイツ留学を終えて日本に戻ってきたのは一九六〇（昭和三五）年晩秋のこと。私の現場主義の中身も大きく変わっていました。「潜在自然植生」と「見えないものを見る力」を強く意識したこと。「見えないものを見よう」と心掛けたことが後の研究生活を変えたのです。森を見る目もがらりと変わりました。

しかし、こうした考え方は当時の日本では誰からも相手にされなかった。いまでは常識となっている植生の考え方も当時の日本の学界ではほとんど知られていませんでした。「ドイツかぶれ」と批判されたこともありました。なかなか評価されない日々が続きました。

とはいえ、いまから振り返ると、帰国後の一〇年間が人生で一番充実していたかもしれません。「危機はチャンス、不幸は幸福」なのです。危機を乗り越え、チャンスに変

える方法も学んだ一〇年間でした。

ではいったい一九六〇年代の一〇年間に私は何をしていたのか。やはり「現場・現場・現場」です。

幸いにもドイツかぶれの宮脇のもとで一緒に研究したいという大学を出たばかりの若き研究者たちが全国から二〇名ほど集まってきました。彼らは、学位を与える資格もなかった当時の私のもとに、自らの意志でやってきてくれたのです。

彼らと共におむすびを抱えた徹底的な現地植生調査を再開しました。

その調査の結果わかったこと。それは、日本もまたヨーロッパ諸国や中国などと同様に、土地本来の森は、ほとんど破壊され、変形されていること。つまり、人間の活動下で二次的に生育している帰化植物、陽性の先駆植物（パイオニア）、またはその土地に合わない木が植えられていることでした。

いまの日本の緑は結構多いと思われているかもしれません。実際に現在の日本の森林の「量」は江戸期以降で最も豊かです。しかし一方で、その大部分は、土地本来の緑、つまり潜在自然植生からはるかにかけ離れたものになっているのです。

現存植生のほとんどすべてが、さまざまな人間活動の影響によって変えられた「代償植生」であり、「置き換え群落」なのです。

同じ女性でも化粧や服装でまったく違って見えるのと同じ。現在みなさんが見ている緑の大部分は、人間活動という厚化粧によって着せ替えられたものなのです。

その冷厳な実態は、後に取り組む『日本植生誌』によって、より鮮明に描き出されることになります。

第三章　日本の森の真実

完成した『日本植生誌』全10巻を前にする筆者。1989年

「植物社会学」とは何か

ここで植物社会学とは何か、潜在自然植生とは何かを簡単に説明しておきましょう。前述のように、潜在自然植生は、チュクセン教授によって提唱されたものです。チュクセン教授が学んだのがヨセフ・ブラウン－ブランケ博士です。

スイス生まれのブラウン－ブランケ博士は、『植物社会学（Pflanzensoziologie）』（一九二八年）によって、植物社会学を確立しました。ブラウン－ブランケ博士は一見雑然と見える植物群落を分類し、体系づけることで地球規模での植生比較を可能にしました。

地球の表層を被《おお》っている植物の集団を植生、または植物群落と呼びます。

人間社会が血縁関係によってある程度まとめられるように、植物の系統分類学（植物分類学）は個体の遺伝的特性、形態によって体系化されています。一方、職場や生活域で見られるような社会的なかかわりの中での横のむすびつきからも人間社会がグルーピングできるように、ほぼ同じ環境下に生育している種の組み合わせによって植物集団を体系化することも可能です。

それまでは、緑の自然、いわゆる植生を表現する場合、例えばアカマツが多い林はア

ブランケ夫妻とチュクセン夫妻。1959年6月、フランス・モンペリエのブランケ博士の研究所

カマツ群落、ススキ群落と呼ぶなど、優占種によって決められていました。

しかし、同じ優占種の群落でも場所によっては中身が異なります。そのため、より客観的にそれぞれの群落を構成している種の組み合わせによって、地域から地球規模の比較可能な群落単位の決定・体系化が必要になってきました。そんな要請に応えるかのように登場したのがブラウン－ブランケ博士です。

それではブラウン－ブランケ博士の植物社会学的方法を具体的に見ていきましょう。まず現場で各植生のおよその群落を調べて、その母集団が均質なところに調査区を設定し、コドラート（方形区）を用いて、その調査枠内のすべての植物種とその量的尺度（被度・群度）を判定し、そのまわりの立地条件、場所、海抜高などを記入した植生調査票、いわゆる「緑の戸籍簿」をつくります。

数多くの植生調査のデータを群落組成表にまとめ、出現種の比較や種の組み合わせに応じて、まず群落単位を決定します。個々のローカルな群落組成表を隣接群落や既存の群落表と比較・検討しながら、植物系統分類学の種（スペーシス）に相当する基本単位である群集（アソシエイション）から群団（アリアンス）、オーダー、クラスへとより大きな単位に体系化することで地域から地球規模での客観的な植生比較が可能になったわけです。

ヤブツバキ

　このブラウン－ブランケ博士の植物社会学的分類基準による群集からクラスまでの植物群落分類法と体系化は、いまなお最も優れたものとして国際的に広く用いられています。

　日本の照葉樹林（常緑広葉樹林）を例にすると、森林を特徴づける高木層の優占種の違いによってシイノキ林、タブノキ林、各種のカシ林などと一般的に呼ばれるように、シイ、タブ、カシ類が中心です。そして、亜高木にヤブツバ

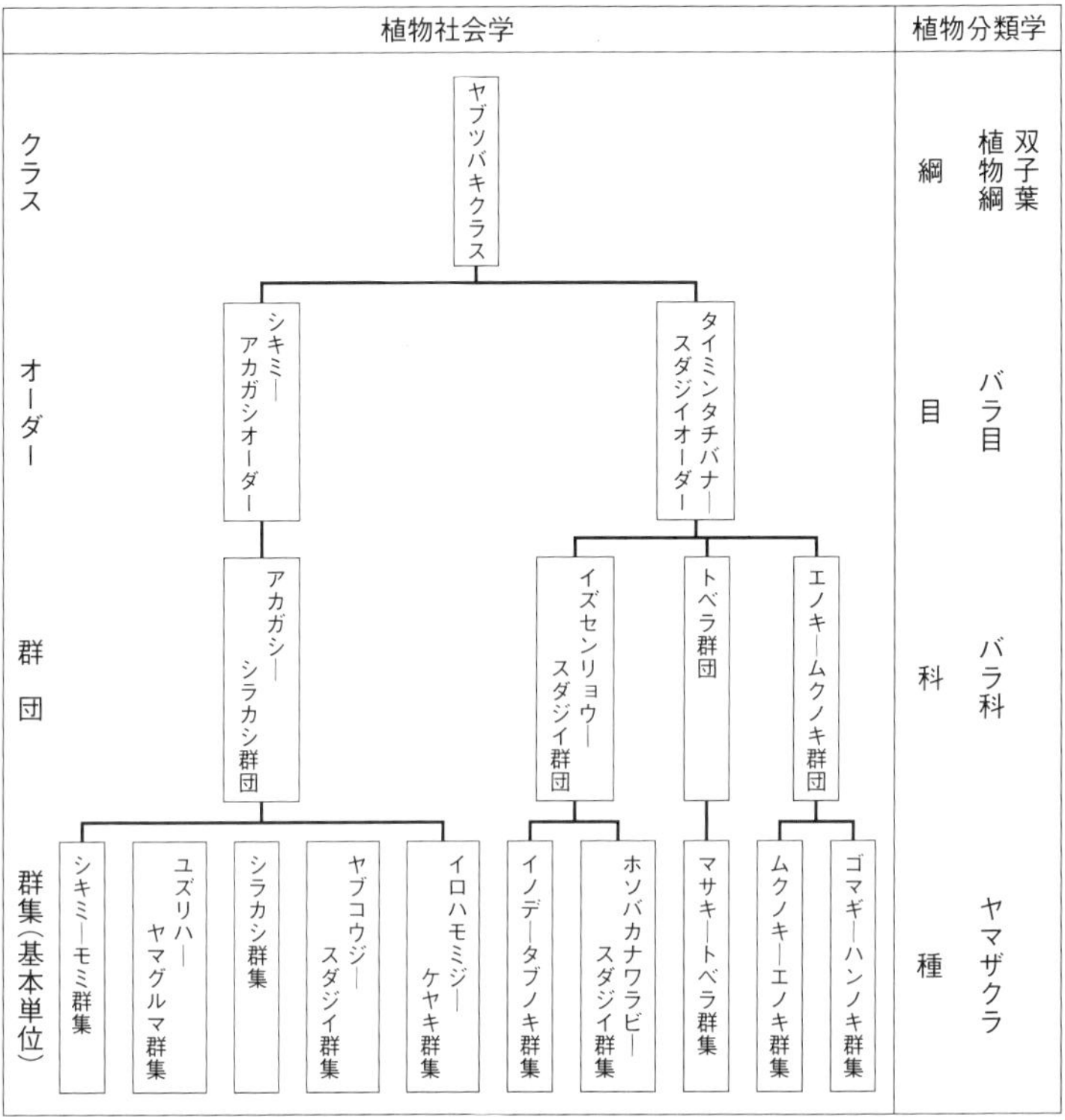

植物社会学的分類体系と植物分類学体系の対応例

『緑回復の処方箋』朝日選書、1991年より

キ、低木はマサキ、ヒサカキなどが生育しています。このような種の組み合わせから、日本の照葉樹林は植物社会学的群落単位の最上級単位として、ヤブツバキクラスにまとめられています。

ここで重要なのが、「どのような種がその場所に多いか」という優占の種より、「どのような種がその場所に生育しているか否か」ということです。たとえばヤブツバキクラスが最上級単位であるとは、言い換えるとヤブツバキが生育する場所は照葉樹林域であるということを意味します。

チュクセン教授の「潜在自然植生」

ブラウン－ブランケ博士より一五歳年下のチュクセン教授は、ブラウン－ブランケ博士が確立した植物社会学的な群落単位の空間的な広がりを目に見える形で地図上に描いていく「植生図」という方法を生み出しました。

そのチュクセン教授が、「潜在自然植生」という新たな理論を世界に向けて発表したのが、私が渡独する二年前の一九五六（昭和三一）年のことでした。

潜在自然植生とは、すでに述べたように、「原植生（原始自然植生＝人間が影響を加える直前までの植生）」「現存植生（人間によって変えられてしまった後の植生＝現在私たちが目にしている植生）」に次ぐ、第三の植生概念です。

仮にいま、人間活動の影響をすべて停止したとしても、長い間の人間の活動によって立地や環境が変えられている可能性があるため、すぐに原植生（原始自然植生）が再現されるとは限りません。

そのため、人間の影響をすべて停止した場合に、その土地の自然環境の総和が、どのような緑の姿を支える潜在的な能力を持っているのかを理論的に考察するのが潜在自然植生です。

学生たちに潜在自然植生を教える際には、よくこんなたとえ話をしながら、講義を進めていました。

「潜在自然植生、つまり本来の自然を知るというのは、厚化粧で派手な女性を、着物の上から触ることなしに、その中身、その素顔を見きわめるようなものだ」

しかし、それはなかなか難しいものです。だからこそ何度もその女性に会おうとする。

自然も恥ずかしがり屋さんです。なかなか素顔・素肌を見せてはくれません。だからこそ通うのです。だからこそ「現場・現場・現場」なのです。

現場に何度も足を運び、すべての植物を丹念に調べると、自然が発している微かなサイン、予兆に気付きます。そこを丹念に探るのです。そうすれば見えない全体も見えてきます。その奥にある本質が次第に見えてくるのです。

日本全国の現地植生調査を積み重ねながら、まずは現存植生図を作成する。そして、現場に残っている自然植生の断片、残っている自然木、さらに人によって変えられた代償植生、土地利用形態、土壌断面などのあらゆる検証を加えながら、潜在自然植生を判定し、その各群落単位の空間的な広がりを地図上に描いていくことで、潜在自然植生図をつくっていきます。それらのデータを総合し、実証的に完成させていくのが、潜在自然植生の理論と方法であり、潜在自然植生図化です。

さて、誰からも相手にされなかった「危機はチャンス、不幸は幸福」の一九六〇年代を乗り越えた私を待っていたのは、次章で取り上げる「ふるさとの森」づくりが始まる七〇年代です。

そして、その次の一九八〇年代の一〇年間は日本における現地植生調査の集大成として『日本植生誌』に取り組むことになります。この一〇年間もまた、外にいる人たちからすれば狂気にしか見えないような毎日が続きました。

集大成としての『日本植生誌』

私は一九八〇（昭和五五）年から八九（平成元）年まで、一年に一冊のペースで『日本植生誌』全一〇巻を刊行しました。日本列島の植生を調べ上げたのです。

日本における現地植生調査の集大成であり、ありがたいことに全国各地の大学から各分野のトップの一一六名もの植物学者、気候・地質・地形などの隣接分野の科学者が参加してくれました。協力してくださった方々には本当に感謝しています。

一九七〇年代の一〇年間は、日本の植物社会学が一気に花開いた時です。その一方、当時の科学技術庁に対抗するかのように、文部省（現・文部科学省）が公害や環境問題に対して本気で対策を進めなければならないと考え始めるようになっていました。

敗戦後の廃墟の中、生き残った先達たちは、昼夜を問わず必死で日本復興に邁進《まいしん》しました。開発万能の錦《にしき》の御旗《みはた》のもとで、新産業立地、ニュータウン建設などが進められ、山を削り、海を埋め立てます。そうした大規模開発の結果、自然破壊や大気汚染や水質汚染などのいわゆる公害問題が顕在化し、住民運動が起こり始めていたのが一九六〇年代のこと。こうした動きに対して、先見性を持った企業や地方公共団体などが対策に乗り出そうとしていました。

一九六八（昭和四三）年、神戸市の依頼で荒れていた六甲山の現地植生調査をしている時のことです。夜に突然一本の電話。文部省学術国際局研究助成課長（当時）の手塚晃氏からのものでした。「山から下りたら文部省まで来て欲しい」と。

それまで文部省とはほとんど無縁なので何事かと思いました。何か叱られるようなことでもしたのかと心配になりながら、急いで文部省を訪ねました。着替える時間もない中、泥靴を履いたまま、汗まみれの作業着に大きなリュックを背負って指定された会場へ。

その席には、東京大学や京都大学の老大家の先生方がズラリ。「人間生存」のためのプロジェクトをつくるにあたって、アイデアを出して欲しいというのが主旨のようです。

大先生方もさまざまなプロジェクトを提案するのですが、渋谷敬三審議官（当時）から「そのプロジェクトは誰がやるのか」と質問されると、「自分は忙しいのでうちの研究室員が」などと答えていました。

最後に新制大学の助教授である私に順番が回ってきました。末席に座っていた私はそれまでの植生調査が面積的には点に過ぎないので、まずは首都圏及び関東地方全域対象の植生調査を点だけではなく面で行い、その成果をまとめた現存並びに潜在自然植生図をぜひ完成させたいと申し出ました。

予算はいくらかかるのかと聞かれたので、震える声で「三〇〇万円をお願いしたい」と言いました。それまで文部省からは、多くの申請書を出してもせいぜい年間で一万円か一万五〇〇〇円程度の科学研究費をもらっていた程度ですから、随分と思い切ったものです。

続いて私にも「そのプロジェクトは誰がやるのか」と聞いてきました。これには「私自身が全責任を持って進めます」と言い切りました。

渋谷審議官は「それくらいの金額ではあなたの研究はできないと思うから、あとで審議官室に来るように」と言います。

審議官室では、同席していた手塚課長が、「いままでのあなたの研究について、文部省もよく調べて知っている。やるからには優れた研究成果を残して欲しい。遠慮しないで必要な予算を言ってください」と聞いてくるのです。

実は私には欲しいものがありました。

当時、ドイツの代表的光学メーカーであるカールツァイス社がつくっていた八〇〇万円もする大型のテレスコープの測定機です。これを使えば、植生調査での点と線の成果を空中写真で補正しながら、植生の広がりを面としてより正確に測定することができる。

そこで思い切って一一〇〇万円と言ってみたわけです。するとなんと一三〇〇万円の予算がつきました。それまでは結構面倒な書式の申請書を出してようやくの一万五〇〇〇円でしたから、一番驚いたのは当の私でした。

こうして一年に一巻ずつ一〇年かけて刊行しようという壮大なプロジェクトが「第一巻　屋久島」(一九八〇年)からスタートします。

文部省が拠出する科学研究費補助金とその研究成果緊急公開促進費によって、現地植生調査費用と印刷費用のほとんどが賄われましたが、一度は補助金を打ち切られそうになったこともありました。

その危機を救ってくれたのは、当時文部省にいた西尾理弘氏(後に島根県出雲市長)です。「このシリーズは完成して初めてモノになる。一巻でも抜けてはいけない」との西尾氏の主張が文部省を動かし、完成にこぎつけることができたのです。

「先生、我々を殺すつもりですか」

南は沖縄・小笠原から、北は北海道まで。朝から晩まで徹底的かつ死に物狂いで現地植生調査を実施しました。その調査とはどのようなものだったのか。四国・高松を例にとって紹介したいと思います。

現地植生調査は三人ぐらいを一パーティーとして行います。東京から安宿を予約し、現地へと向かいます。高松の場合は、夜行列車で岡山の宇野まで行き、そこから宇高連絡船で高松へ。

高松到着後にそれぞれがレンタカーを借りて、三人一組のパーティーがばらばらに散りながら、高松から宿に行くまでの道のまわりの社寺林などをしらみつぶしに調査します。

路傍の踏みあとのオオバコ群落の類から、シイ、タブのような高木林まで。町中に残る屋敷林や神社仏閣の森から、山という山に湿原に草原まで。日が暮れるまでの時間を惜しむかのように片っ端から調査・測定し、「緑の戸籍簿」に記載していきます。

調査は、方形区を決めてその中のすべての植物を調べる「コドラート・メソッド（方形区法）」にしたがって行います。ブラウン－ブランケ博士の植物社会学的方法はいまなお一般的です。

記載にあたっては、「被度（カバーディグリー）」と「群度（ソーシャビリティ）」という二つの国際基準の尺度があり、それに準じて現場での視測で判定しながら記入していきます。

調査区内でそれぞれの種がどのくらいの面積を被っているかを示すのが被度です。現在最も広く用いられているのはブラウン－ブランケ博士の全推定法で、六～七段階に区分されています。

個々の植物がどのように配分されているかを調べる時は群度が用いられます。被度の多少とは関係なく、個体の配分状態のみが対象となり、五つに分けられています。

こうして調べたデータは植生調査票に書き込むのですが、これが「緑の戸籍簿」とも呼ばれる基本資料になります。

肝心なことは、植物の名前や群落などの整理を後回しにせずに、必ず現地の宿でその日の植生調査資料や植物標本を確認し合いながら解決することです。そのため、夕食後はすぐに昼間調査した資料のまとめを行いました。

最も大事な植生図は、次のような手順で作成します。

まずは現地で大雑把に見た植物や植物群落を色鉛筆で描き分け、塗り分けます。これを「相観図」と言います。

この相観図を宿に持ち帰って、具体的に測定した調査ポイントを地図上に落とし込みながら、航空写真とも照合。その広がりをチェックし、再確認しながら、色鉛筆で細部まで描いていきます。

その後は研究室に持ち帰って、現存植生図の作成からスタートします。同時に現存植生図の中で自然度の高い群落を基礎にしながら、潜在自然植生図作成指針を立てます。

この指針をもとに、残っている木や残っている植生の断片調査を含めた現地調査並びに現存植生図との比較検討、さらには土壌断面、土地利用形態、地形なども考慮しながら、潜在自然植生図の作成を行うのです。

ドイツから帰国して以来、日本各地で行ってきた現地植生調査。「危機はチャンス、不幸は幸福」の一九六〇年代の集積が大いに役立つことになります。その膨大な資料を活用しながら、次年度分の対象を整理し、現場に出ては再調査。完璧を期して執筆するという地味な調査研究の毎日を一九八〇年代もまた繰り返しながら、日本全国の植生を徹底的に調べまくったわけです。

特に思い出深いのは小笠原の硫《い》黄《おう》島や南鳥島の調査です。当時そこに行くには自衛隊の飛行機を使うしかなかった。文部省にお願いして、ようやく自衛隊の許可を得ることができました。そして、硫黄島に到着。植生調査のために海岸の砂土を掘ると、機関銃の薬莢《やっきょう》がざくざくと出てきました。

研究室での植生図作成。1980年

小笠原では長い米軍支配下の間にヤギが野生化。ヨーロッパや中国やモンゴル同様に荒原化し、土地本来の植生がほとんど失われていました。しかし、急斜面や尾根筋に残されていたわずかな樹林を頼りに潜在自然植生図を描くことができました。

しかし、植生図ができて完成というわけにはいかなかった。文部省との規定で『日本植生誌』は毎年三月二十六日までに印刷製本した完成本五部を提出することになっていたからです。締め切り直前はもう大変。校正・校閲に追われ、徹夜が何日も続きました。

ようやく四巻目が完成して、次は第五巻という時だったと思います。若い研究者たちから、「一年間休ませて欲しい。宮脇先生、我々を殺すつもりですか」と詰め寄られたこともありました。

一度やめるとダメになる。何としても続けたい。何としても完成させたい。その思いから「俺も命懸けでやるから、君たちも頑張って欲しい」とはっぱをかけたこともありました。

完成した『日本植生誌』から見えてきたもの

一九八九（平成元）年三月、各巻約五〇〇ページ以上、全巻で六〇〇〇ページ、さらには各群落の完全な群落組成表の別刷と一二色刷り五〇万分の一の現存および潜在自然植生図を加えた『日本植生誌』全一〇巻がようやく完成しました。その重さを量ってみたところ、なんと三五キログラムもありました。

世界に通じるものにしなければ、この泥臭い成果も意味がない。そう考えて、各巻すべてにドイツ語と英語の図表説明と要約（サマリー）を付けました。その努力もあって、米国のスミソニアン博物館をはじめ、世界中の著名な大学や図書館、研究機関には入っているはずです。

それでは日本の潜在自然植生を簡単に見てみましょう。

関東以西の海岸から海抜八〇〇メートル付近までは、シイ、タブ、カシ類といった照葉樹林（常緑広葉樹林）が潜在自然植生。海抜八〇〇メートルから一六〇〇メートルまでは落葉（夏緑）広葉樹林（ブナ、ミズナラ林）が主な潜在自然植生です。

海抜一六〇〇メートルから二六〇〇メートルの本州中部山岳および北海道の約四〇〇メートル以上は亜高山性の針葉樹林で、本州ではシラビソ、オオシラビソ、トウヒ、コメツガなどが主木。北海道ではエゾマツ、トドマツ、アカエゾマツなどが主木です。

その一方で現存植生はどうなっているのでしょうか。

照葉樹林域でも落葉（夏緑）広葉樹林域でも、木炭や薪、あるいは建材を得るために数百年あるいはそれ以上の昔から、二〇～二五年に一回の定期的伐採が行われていました。

特に第二次世界大戦後は、焼失した家屋復興のために木材利用が急増したため、国家をあげて全国的な針葉樹拡大造林政策が実施されました。山地に残っていたブナやミズ

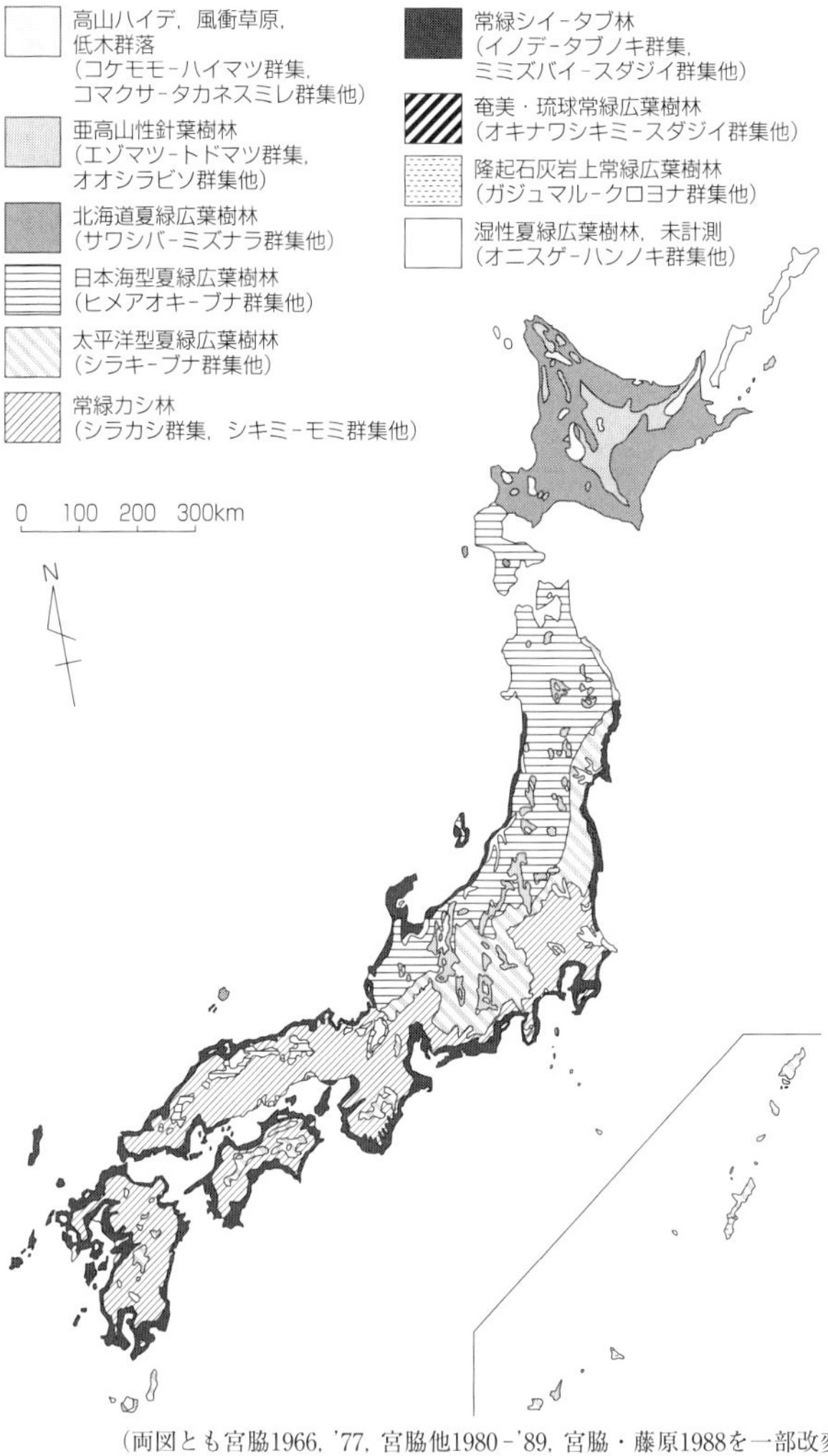

（両図とも宮脇1966，'77，宮脇他1980-'89，宮脇・藤原1988を一部改変）

日本列島の潜在自然植生図

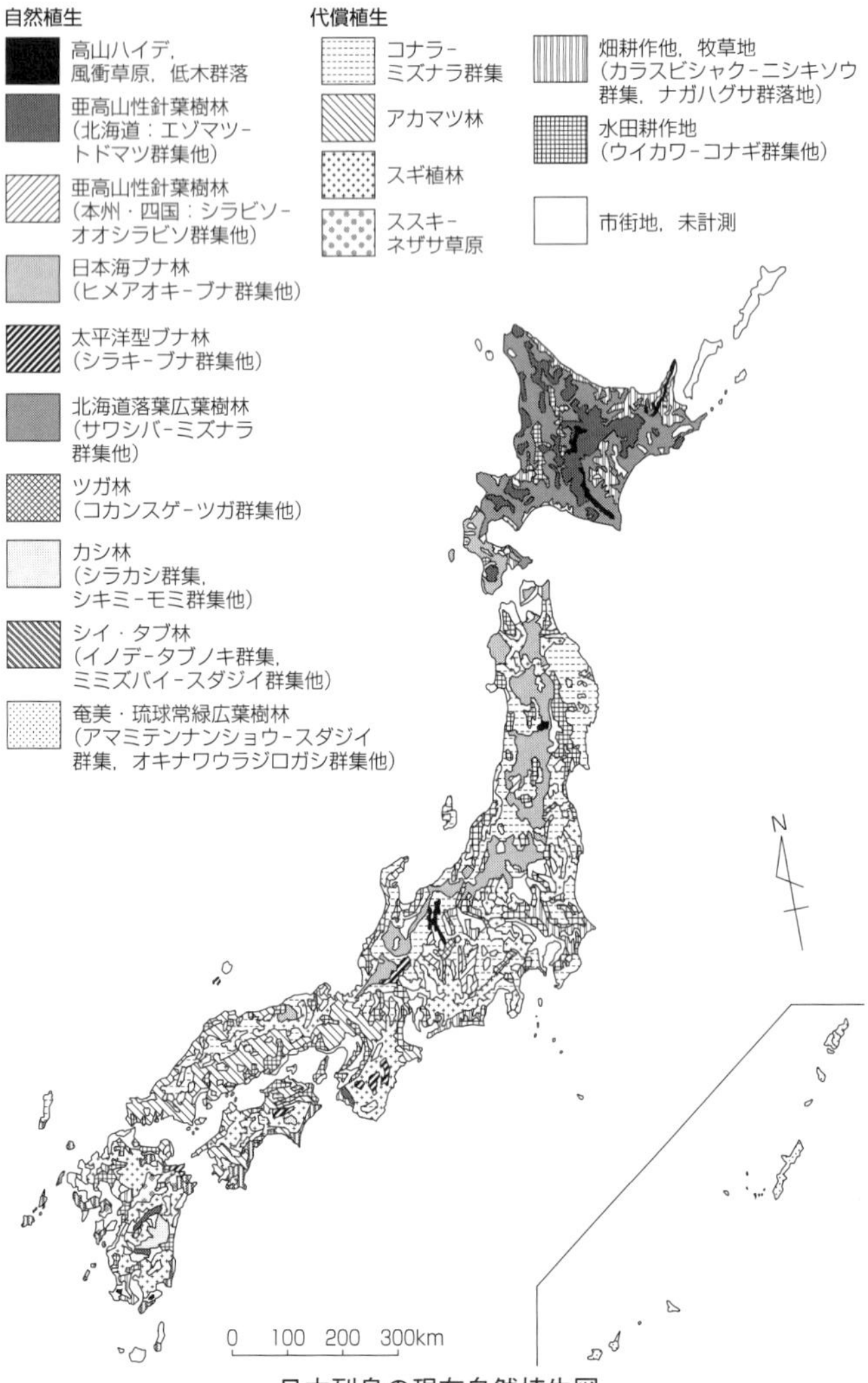
自然植生
高山ハイデ，風衝草原，低木群落
亜高山性針葉樹林（北海道：エゾマツ-トドマツ群集他）
亜高山性針葉樹林（本州・四国：シラビソ-オオシラビソ群集他）
日本海ブナ林（ヒメアオキ-ブナ群集他）
太平洋型ブナ林（シラキ-ブナ群集他）
北海道落葉広葉樹林（サワシバ-ミズナラ群集他）
ツガ林（コカンスゲ-ツガ群集他）
カシ林（シラカシ群集，シキミ-モミ群集他）
シイ・タブ林（イノデ-タブノキ群集，ミミズバイ-スダジイ群集他）
奄美・琉球常緑広葉樹林（アマミテンナンショウ-スダジイ群集，オキナワウラジロガシ群集他）
代償植生
コナラ-ミズナラ群集
アカマツ林
スギ植林
ススキ-ネザサ草原
畑耕作他，牧草地（カラスビシャク-ニシキソウ群集，ナガハグサ群落地）
水田耕作地（ウイカワ-コナギ群集他）
市街地，未計測
N
0 100 200 300km
日本列島の現存自然植生図

ナラ林などの落葉（夏緑）広葉樹林までもがほとんど伐採されて、スギ、ヒノキ、カラマツなどの針葉樹林に替わりました。現在では自然林は、落葉（夏緑）広葉樹林域でもせいぜい東北地方の白神山地や日本海側の山地や下北半島などにしか残っていません。

亜高山性針葉樹林帯の自然林は比較的残されています。しかし、下限付近では伐採されてカラマツが植えられているところも少なくありません。

土地本来の森は〇・〇六パーセント

このように見ていくと、私たちが自然林だと思っていた日本の森は、土地本来の森からかけ離れた二次林、造林されたスギ、ヒノキ、カラマツなどの単植（モノカルチャー）の人工林などの代償植生であり、極端な表現が許されるなら、それはニセモノの森ということになります。

里山と言われて親しまれてきた雑木林もまた土地本来の森ではありません。雑木林とは、国木田独歩の『武蔵野』や徳冨蘆花《ろか》の『自然と人生』に出てくるようなクヌギ、コナラ、エゴノキ、ヤマザクラなどの落葉広葉樹林で、長い間それが自然の森だと思われてきました。学界でも一九六〇年代半ばまではそれが定説でした。

しかし、私がドイツで学んだ潜在自然植生の概念からすると、それもまた土地本来の森ではないのです。

里山とは、何百年もの間、人間が薪や木炭をつくるための薪炭林《しんたんりん》として定期的に伐採したあとの切り株からの芽生えが生長した「伐採再生萌芽林《ほうがりん》」であり、二〜三年に一回の下草刈りや落ち葉掻《か》きなどの人間活動の影響下における代償植生、置き換え群落として持続してきたのが雑木林です。化学肥料がなかった時代に、あくまでも人間が肥料・飼料・燃料・建築材などの「資源」として利用するために管理してきた二次林なのです。

つまり、都市公園の中や地域の散策の場としては、数百年前から人間活動と共存し、人間が手入れしてきた雑木林が好ましい。その一方で、環境保全機能や災害防止機能を重視するのであれば、潜在自然植生に基づく土地本来の森が望ましいと言えます。

ちなみに「遷移（第五章で詳述。この場合、人間の影響を排除したとき、土地本来の森へと植生が変化していく二次遷移のこと）」という視点から見ると、雑木林はそのまま二〇〇〜三〇〇年以上放置すれば最終的には土地本来の森に戻る途中相である、との見方はできるでしょう。

では、どこまでを「自然」と考えればよいのか。

さまざまな意見があると思いますが、植物社会学的には、森を構成している種群の組み合わせが、それぞれの土地本来の自然植生、自然林に限りなく近いものを指します。それはすなわち、それぞれの立地における潜在自然植生が顕在化した植生や樹林です。

そう考えると、日本文化の原点とも言われてきた照葉樹林帯、日本人の九二・八パーセントが住んでいる照葉樹林帯のいまはどうなっているのか。われわれの五〇年近くにわたる日本列島各地の現地植生調査結果は冷厳な数字を示しています。

かろうじて残された鎮守の森や屋敷林や斜面林などを含めても、照葉樹林域では本来の森の領域＝潜在自然植生域のわずか〇・〇六パーセントしか残っていなかったのです。つまり日本列島の主要な照葉樹林域における生態学的に厳密な意味での土地本来の森は、ごくわずかしか残っていないのです。

マツ・スギ・ヒノキの「木材生産工場」

かつてチュクセン教授が来日した時にマツ、スギ、ヒノキの成木林を見て、「これではまるで木材生産工場ではないか」と驚きました。

画一的な方法で推し進められてきた戦後の針葉樹拡大造林政策。その様子を目の当たりにした恩師には、まさしくそれが「木材生産工場」のように見えたのです。林内が暗く、下生え植物がまったく生育していない。マツ、スギ、ヒノキ以外の植物がまったく見られない状態はまさに「木材生産工場」です。当然、生物多様性も極端に低いと言えます。

本来、マツ、スギ、ヒノキなどの針葉樹は、常緑広葉樹のシイ、タブ、カシ類や山地の落葉（夏緑）広葉樹のブナ、ミズナラなどより競争力が弱いため、花崗岩《かこうがん》の露出した尾根筋、岩場、水際などの自然条件が極端に厳しい土地に追いやられ、局地的に自生していただけでした。

しかし、関西地方、特に中国地方では、たたら製鉄や製塩のために何百年も昔から土地本来の常緑広葉樹林や山地の落葉（夏緑）広葉樹林を伐採して薪炭に利用。その伐採跡には、パラシュートのようなウィングを持った陽性のマツの種子がパイオニア（先駆植物）として降り立ちます。

そんなパイオニアを人々は歓迎しました。早生樹なので初期の生育が速く、すぐに伐採できるからです。生育が速く、まっすぐ伸びて材質が軟らかく使いやすいという理由で重宝され、本来の居場所ではないところにまで植えられていきます。海岸沿いでは、クロマツが特に江戸期以降に「白砂青松《はくしゃせいしょう》」と謳《うた》われて拡大し、内陸部ではアカマツが本来の自生地を超えて広がっていきます。「松竹梅」は慶事・吉祥のシンボルにもなります。

ちなみにタケとウメは中国から移入されたもので、島津藩が約二〇〇年前に移入したモウソウチクの近年の大繁茂は、とくに近畿、中国、四国、九州方面で問題になっています。モウソウチクはその土地に合わない木を植えたところに侵入繁茂します。土地本来の森ではソデ群落、マント群落などの〝森の番兵〟の存在によって、なかなか侵入しません。

一方で、木曾の五木（ヒノキ、サワラ、クロベ、コウヤマキ、アスナロ）や高野山のコウヤマキなどのように、人間によって手厚く保護されていたために、純林のように見える針葉樹林もあります。その高野山に残されている記録によると、八〇〇年も前からスギなどが植えられていたようです。

木材建築中心の日本では、古くから、生活のため、加工性重視のため、経済的理由のために、スギ、ヒノキ、マツなどの針葉樹の造林が行われてきたわけですが、特に第二次世界大戦後は、復興のために建築材の需要が高まり、国をあげて針葉樹の造林が進められました。針葉樹造林のために、それまで残されていた山地のブナ林などの落葉（夏緑）広葉樹林域までもが伐採対象となったのです。

私たちが一九八〇年代前半に実施した中国地方五県での現地植生調査でわかったことは、マツ林が現在の潜在自然植生域において、本来の自生林域の二五〇倍以上にも増えていたということです。

日本の場合、第二次世界大戦後、連合国軍最高司令官総司令部（GHQ）によって農地改革が行われ、地主が保有する農地は、政府が強制的に安値で買い上げ、実際に耕作していた小作人に売り渡されました。

しかしその際、山林は対象外になったのです。このため、かつて大きな農地を持っていた大地主たちは土地を奪われて貧乏になりましたが、逆に山持ちは、戦後の焼け野原からの復興を目指した住宅大量建設需要のために木材価格が高騰し、金持ちになりました。

私の郷里の中間山地と呼ばれる岡山県北部の山間部でも、山持ちはみんなに羨ましがられるほど金持ちになったと噂《うわさ》されていました。そのことは少年時代の記憶としていまでも鮮明に覚えているほどです。

しかし、一九六四（昭和三九）年の木材輸入全面自由化以降、急激に外材の供給量が増加し、六九（昭和四四）年以降は国産材供給量を上回ることになります。

以前は定期的に伐採して用材利用してきましたが、安価な外国材が大量に入ってきたために、「伐れば赤字、出せば赤字」状態。これでは管理しようにも管理できなくなります。その結果、当然放置される単植林地が増えていきます。

もともと無理して、土地本来の森を伐採してまで客員樹種として植えられてきたスギ、ヒノキ、カラマツ、クロマツ、アカマツなどの針葉樹。その土地に合わないために、下草刈り、枝打ち、間伐などの人間による管理を止めた途端に、ネザサ、ススキ、ツル植物のクズ、ヤマブドウなどの林縁植物が林内に侵入繁茂します。そのため山は荒れているように見えるのです。また、最近の山持ちの悩みの種が、前述したように、帰化植物であるモウソウチクの侵入繁茂です。

客員樹種として植えた針葉樹の単植林（モノカルチャー）は、自然災害や山火事、マツクイムシなどの病虫害を受けやすく、また、過熟林（樹木の生育が正常を超えてしまった林）になりやすいのです。

生物は弱ると子孫を増やそうと生殖活動が盛んになります。子孫を増やそうと花粉を多く飛ばします。

このところ大きな問題になっている花粉症。その根底には、戦後の針葉樹拡大造林政策によって、あまりにも大量に単植林として植えられたことが影響しているのではないかと疑っています。

それでも根強い「マツ・スギ・ヒノキ信仰」。

東日本大震災による大津波で被災した陸前高田市の高田松原で唯一生き残り、復興のシンボルにもなった「奇跡の一本松」。私にはそれが「マツ・スギ・ヒノキ信仰」の象徴にも見えました。

津波以前、約七万本のマツが高田松原にありました。では「奇跡の一本松」以外のマツはどうなったのでしょうか。七万本のほとんどすべてが倒され、流されて、一部のマツは流木となって住宅街の家々を壊し、住民に襲いかかったのです。そして、「奇跡の一本松」も枯死しました。

確かにクロマツは海辺の環境に強い。そこにもまた日本人の知恵が活かされていると も言えます。立地条件がよく、人がしっかりと管理し続けられるところでは、必要に応じて今後もマツ、スギ、ヒノキを植えてもよいと思います。

しかし、東日本大震災を経験したいまこそ、「守るべきは、人為的な慣習・前例なのか、加工性なのか、経済性なのか、景観なのか。それとも、いのちなのか」を考えてみる必要があるのではないでしょうか。

第四章　木を植える

鎮守の森。静岡県掛川市

実践的植物生態学者としての新たな歩み

鎮守の森というと、どんなことを連想するでしょうか。「村の鎮守の神様の」と歌った小学唱歌。あるいは夏休みにセミやカブトムシを捕りに行った秘密の場所。

そこは土地本来の素肌、素顔の緑が凝縮した森であり、植物生態学、植生学的に見れば、潜在自然植生が顕在化した森です。

私の原点は生家近くの「おんざきさん」の鎮守の森。タブノキとの出会いもまた広島原爆跡地にあった鎮守の森。潜在自然植生を読み解く鍵になったのも鎮守の森。

鎮守の森と共に歩んできた私の人生。鎮守の森の思想について、最初に世に出したのは一九七二（昭和四七）年のことでした。『事務と経営』という雑誌向けに書いた論文のタイトルは「鎮守の森の思想――緑の共存者を呼びもどそう」です。

一九七四（昭和四九）年に日本で初めて開催された国際植生学会日本大会。ここで私は潜在自然植生に関する研究を発表。その中で、人間の影響をほとんど受けることなく、日本各地に残されてきた森の具体例として、鎮守の森を紹介しました。

そこは古くから神々や仏が宿る森として、心安らぐ拠り所として、祖先の霊を弔う場所として、また、鎮守の森に囲まれた境内は、癒しの場、憩いの場、お祭りの場として、民衆に慕われ、敬われ、そして守られてきた神聖な場所であり、多彩な機能を持った人々の憩いの場所であり、心の拠り所であったからこそ、人はみだりに手を入れなかった。そうやってこの見事な多層群落の森が残されてきたのだと発表しました。

日本の風土に適した立体的な姿を見せてくれる鎮守の森は、この国際シンポジウムで高く評価され、国際植生学会では「Chinju-no-mori after Miyawaki」として、その後はほぼ公用語となっています。ツナミと同じように世界でそのまま通用するのです。

その一方、現実には急速な開発と森林伐採と破壊が進んで樹林が失われていきます。このまま黙って見ているだけでよいのか。単にいまある自然を守り残すだけでは不十分ではないか。積極的に「緑──森──」を回復・再生する必要があるのではないかという想いが日増しに募っていきました。

しかし、どんな緑でもよいというわけではなく、地域と共生する景観の象徴となり、生物多様性を維持し、環境保全と災害防止という両方の機能を併せ持つ土地本来の森を再生することが重要です。

私は機会あるごとにそう訴え続けてきました。訴えるだけではなく、「ふるさとの森」

づくりを実践して行くことになります。
実践的植物生態学者としての道を新たに歩むことになるのです。

はじめての植樹を新日鐵と

一九七〇年代に入って、いよいよ私の「ふるさとの森」づくりが始まることになります。

それまで荒野の孤独な雄叫びに過ぎない日々が続きました。ドイツから帰国してからの「危機はチャンス、不幸は幸福」の一九六〇年代。ほとんど誰からも相手にされなかった一〇年間。その間の地道な現地植生調査の集積は、私にとって森づくりの基礎トレーニングになりました。

長期間にわたって人間が行ってきた植物や自然に対するさまざまな干渉。近年になって大規模な自然開発や産業立地開発も加わったことで拍車が掛かってきました。

このままでは土地本来の森は失われていく。鎮守の森が消えていく。一九六〇年代、周囲からは異端視されながら、何人かの若き仲間たちと一緒に現地植生調査に明け暮れていた私には、それが手に取るようにわかりました。その焦りにも似た危機感が「ふるさとの森」づくりへと向かわせたのです。

社会もまた変わりつつありました。一九六〇年代には、水俣病、イタイイタイ病、四日市ぜんそくなどが大きな社会問題となり、それまで高度経済成長の裏側に隠されていた公害問題が重要な関心事になりました。一九六七（昭和四二）年には公害対策基本法が成立し、企業もこうした社会の動きを無視するわけにはいかなくなってきたのです。

一九七一（昭和四六）年四月、私は経済同友会で講演を行いました。ドイツ帰国後から交流を始めていた田村剛氏（日本自然保護協会初代理事長。日本の国立公園の創始者とも言われた）の紹介によるもので、公害問題に世間の関心が高まる中、経済界でもその対策に本格的に取り組もうとしていたころです。

生まれて初めて日本を担う中枢企業のトップ相手にエコロジー哲学を披露。会場には当時の日本興業銀行会長・中山素平氏や東京電力社長・木川田一隆氏らの姿もありました。

私は絶叫に近い口調で「このままにしておくと、産業が発達して一時的にはお金が儲かるかもしれないが、みなさんのいのちが危ない。土地本来の木を植えるべきだ。日本は昔から鎮守の森をつくってきたではないか」と語ったように記憶しています。

私の中ではこの時すでに「いのち」と「鎮守の森」がしっかりと結びついていました。「いのち」は「鎮守の森の思想」を語る上で切り離すことができないものでした。

満場の拍手で終了。その一週間後に経済同友会事務局から電話がかかってきました。「あなたの話はおもしろかった。企業のトップの方々だけではなく、実務的な部課長クラスの方々相手にも講演を行って欲しい」とお願いされました。

部課長向け講演には現場の精鋭たちが出席していましたが、多くの人は聞き流している様子。あまり手応えは感じません。自分たちの日々の仕事とあまりにもかけ離れているのでピンと来なかったのでしょう。

その翌朝七時のことです。横浜国立大学に一本の電話がかかってきました。私は当時、朝七時には必ず大学の研究室にいたので「ミスター・セブン」というあだ名を付けられていました。「ミスター・セブン」あてにかかってきた電話の主は式村健氏。新日本製鐵《せいてつ》（現・新日鐵住金）内にできたばかりの環境管理室（後の環境管理部）室長と名乗りました。

式村氏は「宮脇先生のおっしゃる森づくりを新日鐵としてぜひやりたい。協力していただきたい」と言います。

私は突然の電話に戸惑いました。というのも当時、新日鐵のような大企業は公害の元凶のように言われていたからです。しかも、横浜国大は「アカ」、即ち「左翼」の巣窟のように思われていました。学内でも「企業は悪」とのイメージが拡がる中で、新日鐵に手を貸してよいものか。協力することのリスクを考えざるを得なかったのです。

私は恐る恐る「本気でやっていただけるのですか」と聞きました。式村氏は「もちろん本気です」と言います。「本気ならば、具体的な話を聞かせて欲しい」と尋ねると、「大分製鉄所でやって欲しい」と応じてきました。

そこで私は、当時の日本で売上最大の新日鐵相手に二つの条件を突きつけます。いまから考えると若気の至りとしか言いようがないものです。

一つ目の条件は、日本最大の鉄屋さんに廃業の覚悟を迫る強烈なものでした。

「潜在自然植生に従った森が育っている限りは、反対運動の人たちが公害問題で裁判に訴えようとも、私は新日鐵側の証人に立って対応します。しかし、地域の住民と共に何百年も生き抜いてきた鎮守の森と同じ土地本来の森が、ある日突然枯れるようなことがあったなら、それは人間にも深刻な悪影響を及ぼしているということです。その時は溶鉱炉の火を消すことを決心して欲しい」

二つ目の条件は、本気でやるからには全製鉄所対象の防災・環境保全林創造プロジェクトとして、全部やらせろという厚かましいものです。

「大分だけならやりません。やるからには（当時一〇あった）製鉄所すべてに森をつくっていただきたい」

この二つの条件に対して、式村氏もさすがに即答できません。「三日ほど考えさせて欲しい」と言い残してこの日の話は終わりました。

新日鐵が条件を受け入れるとは到底思っていなかった。「この話はなかったもの」として消えるだろうと思っていました。

ところがその三日後、式村氏は「宮脇先生、やりましょう。やりますから、ご指導ください」と言ってきたのです。

新日鐵社内でも「そこまでして木を植える必要があるのか」との声があがったようですが、森が枯れてしまわないように対策を講じることが決まります。CO_2や窒素酸化物などの発生源対策としてチェコスロバキア製の公害フィルターをすべての製鉄所に導入。その公害フィルターは工場一つで当時の金額にして約一四億円だったと聞いています。

こうして私の「ふるさとの森」づくりがいよいよ始まることになります。土地本来の「ふるさとの木によるふるさとの森づくり」の第一歩を新日鐵大分製鉄所から踏み出すことになるのです。

新日鐵大分製鉄所に行った筆者を待っていた木の幽霊。中央が筆者。

ポット苗方式を発案

「やるからには私も本気でやる。まずは現場を見せて欲しい」

現場に到着した私を待っていたのは木の幽霊です。建設途上の工場の周りには一応木が植えられていました。しかし、つっかえ棒に支えられてようやく立っている状態。すべての木は葉を落としていました。その枯れた姿はまさに幽霊のようでした。

地表面には塩も吹き出しています。海岸線沿いの埋立地であったために塩分を含んだ地下水の影響が地表面にまで及んでいたのです。

そんな状況の中、まずは何を植えればよいのかと考えました。直ちにやるべきは、その土地の潜在自然植生を調べることです。そこで早速、新日鐵大分製鉄所周辺の現地植生調査を行いました。

好都合なことに、大分製鉄所近くには、七二五（神亀二）年創立の全国八幡様の総本宮・宇佐神宮と八二七（天長四）年創立の柞原《ゆすはら》八幡宮の鎮守の森がありました。そこには、イチイガシ、アラカシ、ウラジロガシ、スダジイ、タブノキなどの常緑広葉樹が生い茂っていました。現地植生調査を行ったのは七月のころで、タブノキの種が落ち始めていました。

神社の許可を得て、御神酒もいただきながら、一〇月と一一月には、シイ、カシ類の堅果、いわゆるドングリ拾いを行いました。

問題となったのはこのドングリをどうやって苗にして植えるか。造園業者も深根性・直根性の常緑広葉樹の植樹を敬遠していたころです。私は、ドングリをポット容器に入れて、根をいっぱいに充満させてから植えるという方向性を示しました。

新日鐵環境管理部初代総括課長に任命されていた中川秀明氏はさすがに鉄屋さん。余った屑《くず》鉄を利用した鉄製のポット容器を考え出し、実験を繰り返すのですが、鉄が赤く

大分製鉄所、植樹前の様子。1972年

20年後の大分製鉄所の“森”。1992年

錆《さ》びるよりも速く根は伸び生長するためにポット内でトグロを巻いてうまくいきません。

試行錯誤を繰り返しながら、私は薄いビニール製のポット容器を提案します。当時すでにビニール製ポット容器そのものは存在していましたが、常緑高木への使用は、この時が初めてではないかと思います。

こうして「ふるさとの森」づくりには欠かすことができないポット苗を使ったいわゆる〝宮脇方式〟が確立されていくのです。

トヨタの感激に私はビックリ

新日鐵に続いて、先見性を持った企業や地方公共団体などとポット苗を用いた植樹を行ってきました。トヨタ自動車とも国内外の工場内緑化活動として本格的な防災・環境保全林づくりを始めることになります。

私はもちろんトヨタにも森づくりのためのドングリ拾いとポット苗づくりをお願いしました。しばらくしたある日のこと、トヨタのインド工場から連絡が入りました、何やらみなさん大変興奮しているようです。

「宮脇先生、根が出ています。芽も出ました。みんなビックリしています。みんな感激しています」

トヨタの工場長さんまでもが「現地のインド人も驚いていますが、私も感動しました」と伝えてきました。

トヨタのビックリに私の方がビックリです。

「根が出て芽が出るのは当たり前のことなのに、どうしてそんなに興奮して、感動しているのだろう」と思ったからです。

豊田合成、三五、横浜ゴムの海外工場周りの森づくりでも同様でした。それぞれの地域の潜在自然植生の主木群のいわゆるドングリ拾いとポット苗づくりをお願いしたのですが、「生のいのちの誕生・芽生え」を目の当たりにすると、「芽が出た。本当に土の中から新芽が出た」とみなさん大騒ぎするのです。

最先端の技術を駆使して工場で働いている世界でもトップクラスのものづくりのプロの技術者たち、自動車やその部品を生産している方々にとっては余程新鮮だったのでしょうか。人間と自然との距離がどんどんと遠ざかっているからでしょうか。

「植物は根で勝負」

埋立地で土壌が悪い上、塩分を含んだ地下水の影響で塩も吹き出していた地表面。その対策もあって、ポット苗と共に〝宮脇方式〟の核となる「ほっこらマウンド（盛り土）」づくりも新日鐵大分製鉄所から始まります。

シイ、タブ、カシ類の深根性・直根性の常緑広葉樹は、根が伸びるのが速いのですが、根に酸素の供給が無ければ充分な生育は望めません。「植物は根で勝負」、そのためにとにかく必要なのは「酸素・酸素・酸素」、つまり「植物は根、根は酸素」なのです。根は呼吸しています。酸素のないところでは生きていけないのです。

降水量の多い日本では、平地のままでは水が溜まるために酸素欠乏になる恐れがあります。というのも空気中の約二〇パーセントに対し、水中の酸素は一パーセント未満とごく微量。そのため、溜まり水に七〇時間以上根が浸かっていると、酸素欠乏によって、根は息ができなくなって、根腐れの状態になるのです。

それを避けるために、現在ではマウンドの形状はピラミッド型かタマゴ型の植樹基盤づくりを行っています。これは四〇年間の試行錯誤の結果です。

新日鐵のマウンドは、土中に酸素が維持されるように、粘土状の土だけではなく、まず深い穴を掘り、その発生土に無毒性の建設廃材や鉄鉱石を溶融・還元する際に発生するスラグも、注意深く現場で確認しながら一部混ぜて埋められています。その上に有機土壌を載せる方法を採りました。そうすることで、マウンドをより高くしながら、通気性のよい植樹基盤ができます。

私はこの方法を強く勧めました。なぜなら、建設廃材などが、穴を掘って出た発生土と混ざっているがために、土壌の間に空気層が生まれ、根が酸素を求めてより深く地中に入り込みます。さらには伸びた根が建設廃材などを抱くことによって木々がより強くなる。台風、洪水、地震、津波などがあっても倒れにくくなると考えたからです。

私がドイツに留学していた時にはすでに瓦礫を地球資源として活用する森づくりが各地で実際に行われていました。ベルリン、ミュンヘン、ハンブルク、ハノーバーなどでは第二次世界大戦の戦争瓦礫やコンクリート片や木屑などを混ぜて埋めていました。そこにはなんと壊れた戦車までもが埋められていたのです。

瓦礫活用の森づくりは、ドイツだけではなく、オランダなどでも行われていました。チュクセン教授に連れられて、実際にその現場を訪れたことがあったのです。

日本でも、森ではないものの、横浜・山下公園は、関東大震災時の瓦礫を利用して一九三〇（昭和五）年につくられました。

東日本大震災を受けて、私が提唱している「瓦礫を活かす森の長城プロジェクト」は、けっして机上の空論ではなく、こうした私自身の長年の現場経験と先達の残した実績の上に成り立っているのです。

「タブノキ・シロダモ」問答

新日鐵名古屋製鉄所ではこんなことがありました。現地植生調査の結果、土地本来の主役がタブノキであることがわかったので、タブノキを中心に一五種類の苗木を混ぜて植えることにしました。

ところがです。現場に行ってみるとタブノキではなく、タブの子分であるシロダモがあたり一面に植えられているではありませんか。

「これはタブノキではありません。シロダモです」と言うと、当時の土建課長は「先生、これはタブノキです。契約書にもタブノキと書いてあるからタブノキです」と言い張ります。

しかし、どこからどう見てもシロダモ。私はムッとして「これでは詐欺だ」と抗議しました。

関係していた造園会社は二社。そのやりとりを聞いていたそのうち一社の社長が口を挟んできました。

「先生、これはシロタブとも言います」

このとぼけたような発言に怒り爆発。こう言い返したわけです。

「シロタブとも言うかもしれんが、これはタブノキじゃない。タブの子分のシロダモだ！」

一同、シーン……。

なんとも気まずい雰囲気の中、説得する材料も必要かと思い、ホンモノのタブノキを見に行くことにしました。新日鐵本社の式村氏や造園会社の社長・社員ら十数人とぞろぞろ向かうは近所の鎮守の森。

到着した鎮守の森には、高さ三〇メートルもあろうかというタブノキの老大木がそびえ立っていました。その下には葉の裏が白いシロダモがポツンポツン。それぞれの葉は明らかに異なっています。

造園会社の社長相手に「あれがタブノキでこっちはシロダモ」と指差しながら、当時若造の私は、「プロの植木屋さんがタブノキと注文を受けながら、シロダモを納品しているのなら、それはやはり詐欺。もし、知らなかったのなら、業者の資格はない」と言い放ったのです。

造園会社の社長に弁解の余地なし。タブノキに取り換えて植えることに同意していただきました。

このエピソードには後日談もあります。

一週間も経たないうちのこと。一社はそれきりでしたが、もう一社の造園会社社長から電話がかかってきたのです。「先生、本当に申し訳なかった。私たちは知らなかったのです」と言います。続けて、「勉強させたいので、島根大学の林学科を出たばかりの若い社員をあずけるから教え込んで欲しい」と頼んできました。

その造園会社の前田道孝社長が連れてきた青年の名前は西文和君。西君に待っていたのは狂気の「現場」での狂気の「修業」生活です。

後に西君は前田社長の長女・周子さんと結婚して前田文和となり、「ふるさとの森」づくりを支えようとエスペックミックというポット苗生産・植樹会社を設立。あの日から四〇年来の付き合いが続いています。

「マツの苗木五万本」問答

名古屋製鉄所、姫路の広畑製鉄所に続いて「ふるさとの森」づくりが行われたのは、北九州の八幡製鉄所です。その現場で私を待っていたのは「マツ・マツ・マツ」の大群です。見事なまでにマツの苗木が植えられていました。

私は八幡製鉄所の幹部にこう言いました。

「私は潜在自然植生に従って、シイ、タブ、カシ類中心の植樹処方箋を出していたのに、どうしてマツばかりを植えたのですか」

担当課長はこう答えます。

「シイやタブの苗は手に入りにくいのです。マツなら安くていくらでも手に入るから、マツを植えました」

私は語気を強めてこう言いました。

「世界一の製鉄会社と謳っている新日鐵が、たとえタダでもニセモノだけを植えるべきではないでしょう！」

ここでも一同、シーン……。

係長はもう泣きそうになっています。

「部長、課長。まだ五万本のマツの苗があるのですが、どうしましょうか」

その声に本社副社長でもある水野勲工場長が声を荒げてこう一喝しました。

「君はだまっておれ！」

ちなみに水野工場長は、ふだんは温厚で、私とは広畑製鉄所所長時代にも一緒に森づくりを行いました。

こんな時、頼りになるのはやはり鎮守の森。全員でぞろぞろ向かうは官営八幡製鉄所の建設時に創られた高見神社。八幡製鉄所の産土神《うぶすなのかみ》である高見神社の鎮守の森には見事なシイ、タブ、カシ類の森が育っていました。

「これがホンモノの森です」

私がそう言うと、ようやくみんなが納得してくれました。

日本開催二回目となる一九八四（昭和五九）年の国際植生学会日本大会。この時には、チュクセン教授の一番弟子であるゲッチンゲン大学のハインツ・エレンベルグ教授らも来日。新日鐵の式村健氏も交えて「ふるさとの森」を見学しました。

その時、エレンベルク教授は式村氏に「いまならミヤワキにお願いするのはわかる。

しかし、当時はまだ若い一助教授。もし失敗したらあなたの責任も問われたはずでしょう。それなのにどうしてミヤワキにゆだねたのか」と熱心に聞いていました。

式村氏はニコニコしながらこう答えていました。

「私もまた生物的な本能から、宮脇さんと討ち死にしてもよいと思ったのです」

イオングループから始まる市民主役の「ふるさとの森」づくり

新日本製鐵の成果を踏まえ、東京電力、関西電力、中部電力、九州電力、沖縄電力などの各電力会社、JR東日本、JR北海道などの鉄道会社、そして、トヨタ自動車、豊田合成、本田技研、横浜ゴム、三井不動産、三菱商事、三菱マテリアル、三五、三井不動産、東レ、住金鉱業（現・親日鐵住金）、長野県上田市の日置電機、沖縄県の南西石油、岐阜県のバロー、毎日新聞社、京都銀行、伊予銀行、料亭の和久傳、私の郷里の岡山県鏡野町にある山田養蜂場などの企業と一緒に森づくりを行いました。

さらに、横浜市、佐世保市、各務原市、東海市、行田市、掛川市、沼津市、霧島市、東京都豊島区などの地方公共団体、そして国土交通省の各国道や河川やダム沿いの切土斜面などでも積極的に森づくりを行ってきました。

関西電力御坊火力発電所の人工島。
上・植樹直前の1982年。
下・30年後の様子。2012年

中でもイオングループの岡田卓也名誉会長が森づくりにとても熱心で、一九九一（平成三）年からは各店舗の敷地内に植樹する「イオン　ふるさとの森づくり」が始まります。

それまでは、企業の社員や地方公共団体の職員中心の森づくりでしたが、イオングループの取り組みから、現在の主流となっている市民中心・市民主役の森づくりが本格的に始まることになります。誰でも簡単に植えられるというポット苗の特徴が活かされていくのです。

両親に連れられてイオンで木を植えた幼い子供たち。その中にはいまはもうすっかりいい大人になっている方もいます。自分が植えた木の生長が気になるのか、何度もお店に足を運んでいるようです。

消えていく鎮守の森

私がお手本にした鎮守の森はまだまだ他にもあります。

東海道新幹線で東京から名古屋、大阪方面に向かう時、三島を過ぎると、田園風景とともに平坦な住宅地や産業立地が続きます。そうした景観の中にポツンポツンとぽっこ

湘南国際村のタブノキ

ら盛り上がった、冬でも緑の小島のような樹林が見えるはずです。

そのほとんどは神社やお寺です。気になって実際に調べてみると、必ずしも大きなものではなく、中には朽ちかけた木の鳥居があったり、無人の小さな社があったり、お地蔵さんが並んでいたり。そして、もくもくと盛り上がっている樹冠は、常緑広葉樹のシイ、タブ、カシ類。土地本来の樹種です。私はこうした風景を見るのが大好きです。

これこそわれわれ日本人が、自然を破壊して集落や田畑をつくりながらも、必ず、残し、守り、つくってきた「ふるさとの木によるふるさとの森」です。日本人は世界で唯一、鎮守の森をつくり、残してきました。そこに日本古来の知恵があるのです。

湘南国際村に行けば、私のお気に入りのタブノキが迎えてくれるでしょう。

神奈川県が三井不動産とともに、三浦半島中央部の三浦丘陵に湘南国際村という多目的地域をつくるというので、一九八〇年代初めから現地植生調査を行いました。

あたりはすべてスギの植林や落葉樹と陽性低木の雑木林でしたが、その中に胸高直径一メートル以上の見事なタブノキが一本立っていました。

驚いて近づいてみると、その下に小さな祠《ほこら》もありました。そこにはお花や榊《さかき》が供えられていたのです。

正直、込み上げてくるものがありました。これこそ日本が誇る「ふるさとの木によるふるさとの森」です。神宿る古木として、近くに住む人たちによって、敬われ、愛され、親しまれ、残されてきたものに違いないと思いました。

こうやって小さな祠を祀《まつ》りながら、自然に対する畏敬の念で、みだりに手を入れなかった。そのおかげでこの立派なタブノキは生き抜くことができたのです。

しかしながら、神奈川県内の鎮守の森も失われていくばかり。湘南国際村のタブノキはほとんど奇跡と言ってもいいかもしれません。

神奈川県内には二八四六の鎮守の森や社寺林があったと記録されています。しかし、一九七〇年代末に私たちが現地植生調査した結果では、なんとか鎮守の森の形をとどめていたもの、すなわち、多層群落のシステムが維持されている樹林は、わずか四〇しか残っていないことがわかりました。

鎮守の森は全国的に見ても恐ろしいほどのスピードで消えていこうとしているのです。

「鎮守の森」への偏見との戦い

残念でならないことがあります。それは、鎮守の森への偏見がまだまだ存在していることです。鎮守の森というと、宗教的・歴史的なしこりを感じて嫌がる日本人がいまなお多いのです。

私からすれば、表面的なイメージしか見ていない、ものごとの本質を理解できていないどころか、理解する努力すらしていない人たちに見えます。

一九七〇年代中ごろのことだったと記憶していますが、朝日新聞から取材を受けたことがありました。有能な若手論説委員だった木原啓吉氏が新日鐵大分製鉄所の森に関心を持って訪ねてきました。

この森づくりは何をモデルにしたのかと聞かれ、私はこう答えました。

「近くの宇佐神宮や柞原八幡宮の鎮守の森です」

すると、それまで熱心に取材をしていたのですが、なぜか急に顔を真っ赤っかにしてこう言ってきたのです。

「宮脇先生、鎮守の森というのはちょっと避けてください。その言葉には軍国主義のイメージがある」

ここから始まる大論争。私は相手を直視しながらこう言いました。

「何を言われます。鎮守の森と軍国主義との間にどんな関係があると言うのですか。鎮守の森に罪はない。鎮守の森こそ日本文化の原点です」

結局木原氏は、その時の取材原稿を書かなかったのですが、今でもお付き合いは続いています。

私が七〇歳を越した二〇〇〇（平成一二）年に新潮社から出した本のタイトルはズバリ『鎮守の森』（二〇〇七年に新潮文庫に）。この時も恐る恐る「鎮守の森という言葉、大丈夫ですか」と確認しました。出版部長が「どうぞ使ってください」と言ってくださったおかげでタイトルにすることができたのです。

しかし、同じ新潮社から二〇〇六（平成一八）年に出版された『木を植えよ！』（新潮選書）の第一章冒頭にはこんなことが書かれています。

まず初めに、「鎮守の森」について、はっきりさせておきたいことがあります。私は今まで、ことあるごとに「鎮守の森」という言葉を使ってきました。しかしそれは、宗教的な考え方から、「鎮守の森を守ろう」と言ってきたわけではありません。専門用語で言いますと「潜在自然植生」と共存することが人間にとって何より必要なのですが、たまたまその条件に、「鎮守の森」が合致しているということなのです。

出版社側の配慮かもしれませんが、私は正直困惑しました。私自身が書いたものでもなければ、お話しした記憶もありません。私はことあるごとに「鎮守の森」と宗教の関係についても堂々と語ってきました。

戦後、宗教の自由などと言われるようになりましたが、その実態は宗教の無視です。これは大変な間違いだと思うのです。

例えば沖縄の御願所《うがんじょ》や御嶽《うたき》には、聖なる森や祠があります。名護海岸近くの宮里の御嶽をたびたび訪れていますが、そこには大きなハスノハギリなどの老大木で覆われた立派な森があります。しかし、いまや地元の人でも、なぜそこに森があるのか、その理由を知らないのです。本当に残念なことです。

沖縄の御願所や御嶽は、台風の直撃によって大きな被害を受けそうな集落や農耕地の近くにあります。おそらく「この森を伐ったら罰が当たるぞ。台風でひどい目に遭うぞ」という宗教的な祟り意識をうまく使って、自分たちの「いのち」を守るために、遠い昔から先達たちが鎮守の森を残してきたのでしょう。

これらの森は、暴風雨や高潮から集落を守る役目を果たすだけではなく、根から地下水を汲み上げて、葉から蒸散させるなど地域の水量調節機能を果たしています。さらに大きな葉からの蒸散作用により、夏は涼しく冬は暖かな環境を提供します。落葉は肥料にもなります。これぞまさに日本古来の知恵です。しかし私たちはいま、その知恵を見失いつつあるのです。

鎮守の森を世界へ

一九九七（平成九）年三月に米国のハーバード大学で「神道とエコロジー」という国際シンポジウムが行われました。

欧米の宗教家たちの中には、日本の神道など宗教ではない。八百万《やおよろず》の神々などと言って、その森にもあの古木にも神宿ると思っているようだが、それは宗教とは言えない。つまりは一神教こそが宗教だと言いたいような人もいました。

そんな時、ナポリ大学の宗教学者がやおら手をあげ、こんな発言をしました。

「日本全国津々浦々につくられ、暮らしや心の拠り所とされてきた鎮守の森。四〇〇〇年来の歴史を持つ日本特有のものが、ここ最近の一〇〇年足らずの間につぶされている。戦前は政治的に利用されたために。戦後は宗教の自由という名のもとに。いま、多くの日本人が宗教に無関心である。鳥居とか鎮守の森と言っただけで拒否反応を示す日本人までいる。これは極めて不幸なことである。ふるさとの森と共生してきた日本人の叡智とそのフィロソフィーと生き方を取り戻すべきではないか」

私は思わず拍手を送りたい気分になりました。一神教のキリスト教やイスラム教は、自然を征服すべき対象とみなし、たった二〇〇〇年で地球環境を破壊し尽くした。その一方で、日本土着の宗教は、鎮守の森を聖なる場所として長年にわたって守り伝えてきた。日本の神道や六世紀に中国大陸を通じ日本に入ってきた仏教には、自然との共存思想があった。前々からそう思ってきたからです。

そしてシンポジウム三日目の午後。私は「鎮守の森を世界へ」と題した特別講演を行いました。「私たち日本人は自然を皆殺しにはしなかった。農林業を営み自然の森をつくり、保護し、そこを鎮守の森と呼んだ。神道は、エコロジカルなふるさとの森を再生し、守るための哲学的な拠り所である」と指摘し、「鎮守の森こそが二一世紀の世界を救う足がかりになる」と訴えました。

その夜のレセプションでは、著書『ジャパン・アズ・ナンバーワン』で知られるエズラ・ヴォーゲル教授が握手を求めてきました。

ヴォーゲル教授は、「プロフェッサー・ミヤワキ、今日は本当にうれしかった。また日本に希望を持つことができた」と言いながら、「日本伝統の鎮守の森をモデルにした『ふるさとの森』づくりを、エコロジーの脚本に従って市民主役で行い、しかも国内だけではなく、アマゾンやボルネオでもやろうとしている。これは素晴らしいことです。このノウハウを世界に発信していけば、日本は再びナンバーワンになると信じています」と語ってくれました。

典型的な多層群落の森である日本古来の鎮守の森。そこは、地域住民の心の拠り所であり、災害時には防災避難地としての機能も果たしてきました。古くから、自然災害が多発する日本列島における国づくりと安全保障の根幹を成してきたのかもしれません。

日本人もまた、生活のためにと森を切り開いて田畑や村や町をつくってきました。ですが、世界で唯一日本人だけが森を皆殺しにはしなかった。鎮守の森をつくり、残し、守ってきました。「ふるさとの木によるふるさとの森」を守ってきました。しかし、第二次世界大戦後、私たちはそのことを忘れてしまったのではないでしょうか。

「いのち」を守る「ふるさとの森」づくりとは、二一世紀の鎮守の森を再生するための取り組みです。それはまた、日本人の心と魂を取り戻すための活動なのです。

日本人が堂々と誇るべき鎮守の森を守り、つくり、世界に向けて発信することが、二一世紀の世界を救う足がかりになるのです。

第五章　〝宮脇方式〟

アフリカ・ケニアでの植樹。2007年

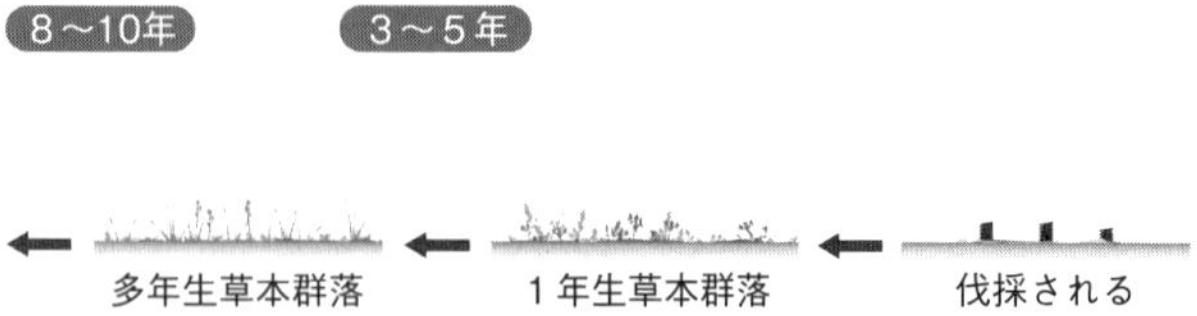

照葉樹林帯における二次遷移の模式図

『苗木三〇〇〇万本　いのちの森を生む』NHK出版、2006年より

遷移を短期間で進めるには

従来の生態学の教科書では、「クレメンツの遷移説」がいささか強調されすぎた面があるのではないか。ここが〝宮脇方式〟の出発点でした。そして、着目したのは土壌条件です。

これまで見てきたように、私たちがいま見ている森のほとんどは、土地本来の森から大きく変えられています。人間活動の影響下にあって、成立・維持されている代償植生です。

ここで人間の影響をすべて停止するとどうなるのでしょう。その途端に、その土地の自然環境の総和に応じた土地本来の森、即ち「潜在自然植生」に向かって、植生が変化していくことになるでしょう。これを「遷移（二次遷移）」と言います。

クレメンツの遷移説とは、一九〇八年に米国の植物生態学

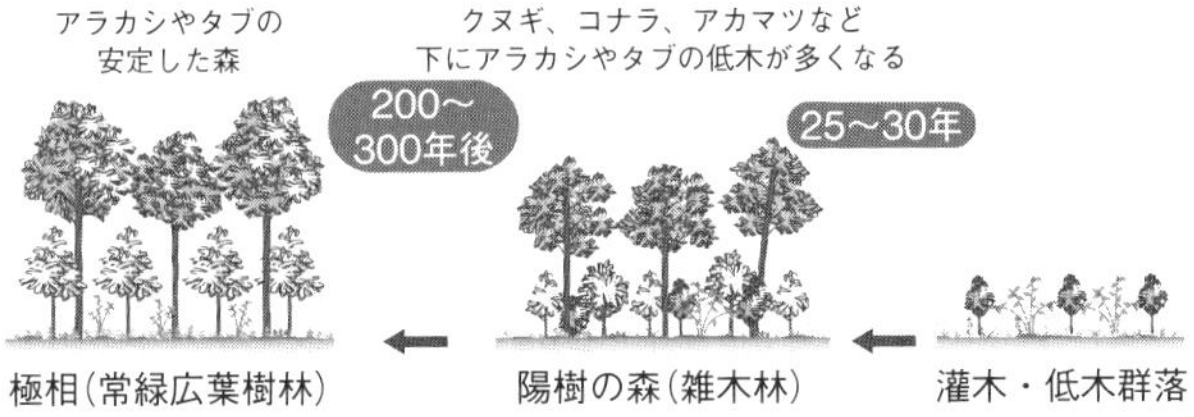

者フレデリック・クレメンツ（一八七四－一九四五年）が唱えたものです。彼はその土地本来の森を「クライマックス（極相）」と呼んでいますが、あらゆる植生は最終的にはそのクライマックスの単一群落になるという「単極相説」を提唱しました。

火山の噴火などによって生じた裸地《らち》では最初に地衣類やコケ類が出現し（現実にはコケが出ることは少ない）、次に一年生草本植物、そして多年生草本植物や低木、さらに陽性の亜高木林または高木林を経て、照葉樹林域であれば、終局的な土地本来の陰樹の森、クライマックス＝極相林が形成されるというものです。クレメンツはそのプロセスを図式化し、世界中の教科書で広く採用されています。

その一方でブラウン－ブランケ博士やチュクセン教授らは、クレメンツの遷移説をある程度肯定しながらも、「あまりにも模式的過ぎる。自然界の植生発達や終局相の決定には、広域的に見れば気候が大きく影響する。局地的に見れば土壌条件その他も関係する」と指摘し、「現実的には周期的な大暴風、洪水などの自然の揺り戻しによって、極相まで到達しないで、極相の一歩手前の状態で足踏みしている林相も自然状態では多い」と述べています。

それでは、クレメンツの説く自然の遷移にまかせればどうなるのか。いまのマツ・スギ・ヒノキ全盛の日本列島でも人の手をまったく加えずに二〇〇～三〇〇年も経てば、その土地本来の照葉樹林（常緑広葉樹林）や落葉（夏緑）広葉樹林（北海道、東北北部、本州の大部分と四国・九州の海抜八〇〇メートルから一六〇〇メートルまでの山地）になるでしょう。

しかし、人間活動の影響がこれだけ地球規模で及んでいる時に、林地だけを対象に、まったく手を加えずに長期間自然のままに任せることなどできるのでしょうか。それは事実上不可能な話です。長期間に及ぶ遷移の過程では、森林の荒廃に伴う自然災害など、さまざまな負の影響も考えられます。

それではどうすればよいのでしょうか。

遷移というのは、ある植物共同体が、他の植物共同体に移り変わる過程のこと。確かに火山の噴火などによって生じた裸地上の自然の遷移では、時間をかけてゆっくりと植物が土壌をつくり、その土壌がより安定した植生の発展を許容することになります。

従って、一次的な自然遷移の場合には、日本では二〇〇〜三〇〇年、熱帯地域では三〇〇〜五〇〇年以上かけないと土地本来の自然林は成立しないと教科書は教えてきました。実際に海岸の埋立地などでも、自然林に遷移するのにその程度の時間がかかると思われます。

しかし、広域的な気候条件は数千年来ほぼ同じです。異なるのは土壌条件のみ。私はこの点に着目しました。

そこで、有機質に富む通気性のよい表層土を復土することにより、短期間で土地本来の「ふるさとの森」づくりができるのではないかと考え、実践し、実証してきたのです。

最初は最低厚さ二〇〜三〇センチ程度の表層土を復土する。というのも、植物の根が三大要素である窒素・リン酸・カリウムをはじめとする養分を吸収するのは、地表から二〇〜三〇センチ、深くても五〇センチなのです。もちろん木を支える主根は、通気性のよい土壌で呼吸さえできれば、三〜六メートルくらいまで地中深く伸びていきます。

表層土に、潜在自然植生に基づく樹種をポット育苗で根を発達させてから混植・密植することにより、短期間で土地本来の森としての機能を備えさせる。その時点で、植物

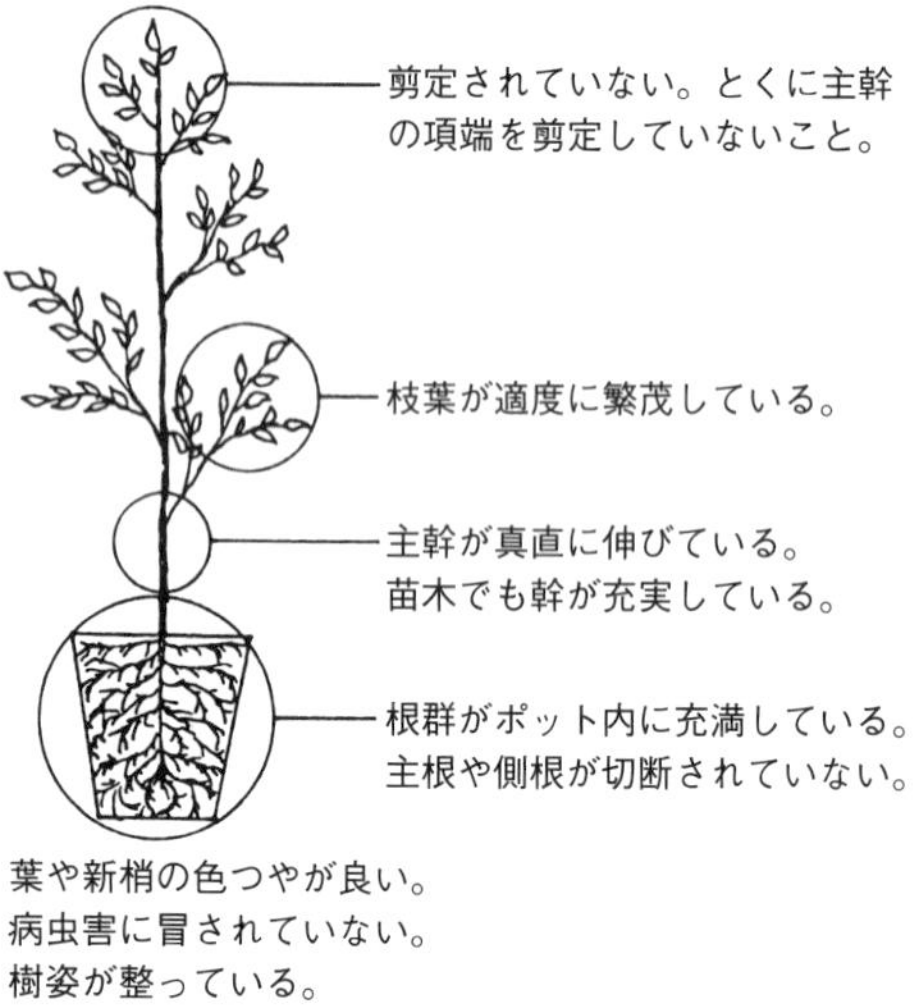
剪定されていない。とくに主幹の頂端を剪定していないこと。
枝葉が適度に繁茂している。
主幹が真直に伸びている。苗木でも幹が充実している。
根群がポット内に充満している。主根や側根が切断されていない。
葉や新梢の色つやが良い。
病虫害に冒されていない。
樹姿が整っている。

よいポット苗

『環境保全形式のための理論と実践』国際生態学センター、1995年より

はゆっくりと自分の土をつくるようになる。そう考えたわけです。

〝宮脇方式〟のポット苗は、最初は樹高三〇〜四〇センチ、植樹して三年で三メートル、五年で五メートルと順調に育っていきます。植樹後三年ないし五年も経てば、小さいながらも土地本来の森の原形を整えていきます。その後、生育するにしたがって、自然淘汰を繰り返しながら木々は、自分たちで自分たちの落葉などで、土をつくるようになります。その結果、二〇年から三〇年ほどで限りなく自然に近い土地本来の多層群落の森、潜在自然植生の顕在

化が可能になるのです。

重要な植樹基盤づくり

植えてからの二〜三年は草取りなどの管理が年に一〜二回は必要です。しかし三年目以降は、剪定《せんてい》、枝打ち、間伐、下草刈りなどの無理な管理をしないこと。基本的には自然自体の管理、自然淘汰に任せることが重要です。

その前提条件は、有機物などの混じった表層土などから構成されるほっこらマウンド（盛り土）を造成し、そこに、潜在自然植生に基づくその土地に応じた樹種の選択を行い、その幼木のポット苗を混植・密植することです。

植樹基盤づくりは非常に重要です。先述のように植物は根で勝負します。根は土で勝負します。いままでほとんど注目されていなかったことですが、根は息をしているということがとても重要なのです。「植物は根、根は酸素」ですから、必要なのは「酸素・酸素・酸素」です。水はけをよくするために、マウンドの形状で望ましいのはピラミッド型かタマゴ型。両側にたえず傾斜を持つようなマウンドの形成がたいへん有効です。

じつは私も当初は台地状のマウンドがよいと考えていたのですが、台地状のマウンド

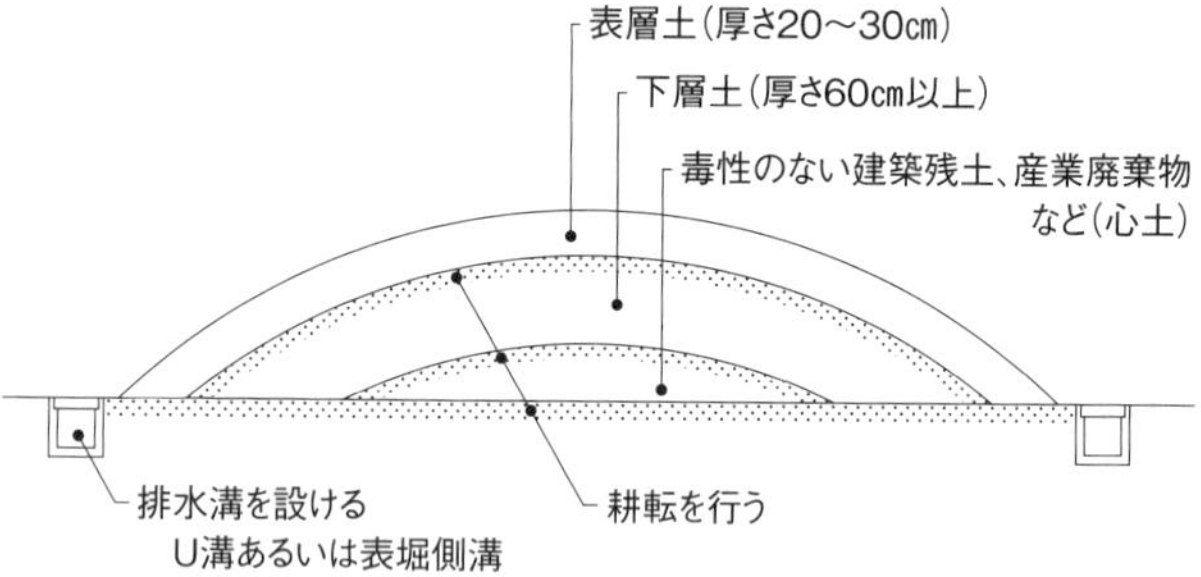

ほっこらマウンドの形状例

『環境保全形式のための理論と実践』国際生態学センター、1995年より

をつくって植えてみたところ、平坦部に植えた木の生育より、斜面に植えた木の生育のほうが、はるかによかったのです。その後の試行錯誤でピラミッド型とタマゴ型がよいことは実証されています。

台地状のマウンドでは、平坦部に必ず凹地ができたり、水たまりができたりするのです。それが根腐れや生育不良の原因になるのです。

表層土は、できるだけ多くの落ち葉、枯れ草、廃木、廃材などの有機物をたっぷりと土に混ぜて復元します。そして、心土《しんど》には、新日鐵大分製鉄所の実践で示したように、まず穴を掘り、その発生土に毒や分解困難なビニールなどを取り除いた後のまわりの刈り草、家庭のゴミや建設廃材や毒がないことが確認されたいわゆる産業廃棄物、さらには瓦礫など、地球資源を掘り起こした土とよく混ぜて埋めることを勧めます。そうすることでマウンドをより高くしながら、予算も抑えることができるはずです。

また、瓦礫などがあるために土壌の間に空気層が生まれ、根が酸素を求めてより深く地中に入り込もうとします。シイ、タブ、カシ類の深根性・直根性という特性を最大限に活かすことで、台風、洪水、地震、津波、土砂崩れなどにもびくともしない、いのちと財産を守る森の力を生み出すのです。

一気にクライマックスへ

こうして植樹されたシイ、タブ、カシ類は数百年以上生き延び、時間とともに多層群落の森林、みどり豊かな自然環境を形成します。生物多様性に恵まれたダイナミックな森の力を維持します。

できるだけ早く、しかも確実に土地本来の森を再生するための宮脇方式という「ふるさとの森」づくりは、一気にクライマックスへ、即ち一気に極相林に近い多層群落の森へと導く方法です。中には宮脇方式を「ショートカット手法」と現代風に呼ぶ人もいます。しかしそれは、何百年も何千年も培ってきた自然の森のシステムを活用したものであり、あくまでも自然の森の掟に従ったものです。

ブラジル・アマゾンでは、クレメンツと宮脇方式を実際に試してみました。クレメンツの説に基づく生長の速いバルサなどの早生樹と、われわれが本命樹種と判定したビローラなどを混ぜて植えてみたのです。

バルサは二年で樹高四メートル、六年で一四メートルにも達する見事な木に育ちましたが、一〇年後の調査ではほとんど風もないのに倒木する個体が増え、なおかつ倒木がビローラなどの本命樹種の上に被さったりして、その生育を妨げてしまい、むしろ土地本来の森が発達する阻害要因になりました。

これに対し、マラジョー島という面積が九州と同じくらいの島のブレベスでは、ビローラやセドロなどを潜在自然植生の主木と判定した一四種類のポット苗をつくり、混植・密植したところ、ビローラを中心に一〇年目には八〜一〇メートルに育ち、約二〇年を経た現在では土地本来の森に限りなく近づきつつあります。

こうしたアマゾンでの経験からも、できるだけ短い時間で土地本来の森を再生するには、潜在自然植生に基づく幼木のポット苗を用いて、主木を中心にできるだけ多くの土地本来の森の構成種群を混植・密植したほうが確実であるという結論に達しました。

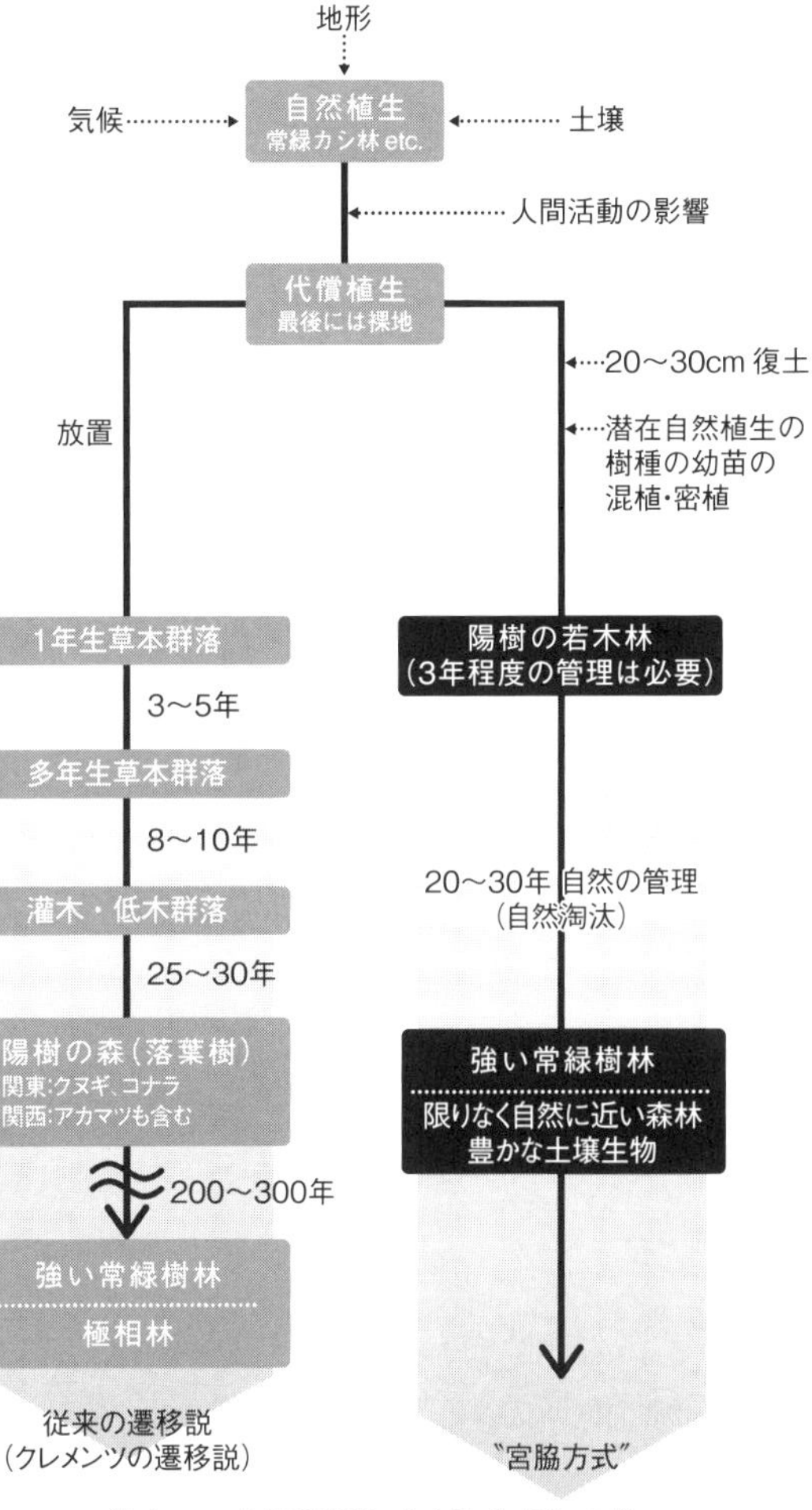

従来の二次遷移説と〝宮脇方式〟の違い

『苗木三〇〇〇万本　いのちの森を生む』NHK出版、2006年より改変

この結果は、二〇〇二（平成一四）年三月にブラジル南部のポルト・アレグレで開かれた第四五回国際植生学会で発表し、国際的にも評価されています。

なぜ混ぜるのか

踏まれても根強く生きよ道芝の　やがて花咲く春も来るらん

オオバコもまた、北半球各地の農道や歩道などの裸地に接しているところで人に踏まれながら広く生育しています。じつは、オオバコ群落は踏まれているからこそ生き残っているのです。踏まれなくなったらたしかに急に大きくはなりますが、競争力の強い他の草に負けてその場所を追われてしまうのです。

植物群落を含めた生物社会では、生理的な欲望がすべて満足できるところは競争も激しい危険な場所。むしろ、少し我慢を強要される状態こそが長持ちするための最適条件だということを植物社会の長い進化の歴史が教えてくれます。健全な生存、生活を維持するための最高条件と最適条件は異なるのです。

私はどの植樹会場に行っても、口癖のように「まじぇる・まじぇる・まじぇる（混ぜる・混ぜる・混ぜる）」と言います。

ではなぜ「混ぜる」のか。その理由は、混植と密植で競争の場を提供し、その結果として強い自然の森をつくる。鎮守の森のように長持ちする「ふるさとの森」をつくるためです。

森の基本は、多様な樹種による「競争・我慢・共生」なのです。

こうした生物社会の掟を知るきっかけを立証的につくってくれたのはカラマツでした。

浅間山の火山が噴火して、土壌がまだ十分に発達していないような場所や、富士山のスカイラインを上がった古御嶽神社（海抜二〇一五メートル）の駐車場の周りなどで、天然のカラマツを見ることができます。その自生地は溶岩が露出し、雨が降ればすぐに養分も流れて乾いてしまうような厳しい立地条件であり、このようなところで天カラとも呼ばれるカラマツの自然の樹林は形成されています。

ところが、一九六〇年代に尾瀬ヶ原湿原の重要性が評価され、当時の文化庁の許可を得て、腰まで湿原に浸かりながら植生調査をしていた時のことです。低温、多湿、強酸性の立地条件で、イボミズゴケ、ムラサキミズゴケなどのミズゴケ類やツルコケモモ、ヒメシャクナゲ、イソツツジなどの矮性《わいせい》低木しか生育していない高層湿原と呼ばれる泥炭湿原の周りを見ると、最初に生育して高木になっていたのが、なんとカラマツだったのです。

それまで植物は自分の好きなところに生えると思い込んでいたので、このカラマツを見た時は正直戸惑いました。「カラマツは乾いたところが好きなのか、多湿のところが好きなのか」と考え込んでしまったのです。

その謎は、ドイツ留学の時に知ったゲッチンゲン大学のハインツ・エレンベルグ教授らの研究成果を思い出すことで解くことができました。エレンベルグ教授は、ホーヘンハイム大学のハインリヒ・ワルター教授たちと次のような実験を行いました。

水槽に傾斜をつけた形で土を置く。当然斜面の上部は湿りが少なく乾燥しており、下部はだんだんと湿りが多い状態になります。

周りに自生している五～六種類の牧草をそこに混植したところ、日本の春の水田雑草スズメノテッポウの類などは、水際に一番近い湿ったところで最大の生長量を示しましたが、乾いたところでは消滅します。

一方、ヨーロッパの乾燥したジュラ紀石炭岩上に多く自生している牧草スズメノチャヒキ類は、単植すれば湿り過ぎず乾き過ぎないところで最大の生長量を示しますが、混植すると一番乾いたところで最大の生長量を示し、少し湿り始めてくると、まったく消えてなくなったのです。

そこでエレンベルグ教授らは、競争相手のいないところでの生長力と、競争相手がいるために好条件地から押し出されている時の生長力とのどちらが本当の姿であるかを考えた末に、前者を「生理的な最適域」、後者を「生態学的な最適域」と呼ぶことにしたのです。つまり、生物社会では生理的最適域と生態学的最適域は異なるのです。

こうした研究から、自然な状態の生物社会では、生理的な最適条件から少し離れた、少し厳しい、少し我慢を強いられるような状態が、明日も明後日も健全に生きていける生態学的な最適条件であると考えました。

つまり私の「まじぇる・まじぇる・まじぇる（混ぜる・混ぜる・混ぜる）」は、生態学的な最適条件をつくり出すためのものなのです。

潜在自然植生に基づく幼木のポット苗を用いて、主木を中心にできるだけ多くの土地

〝宮脇の森〞完成図

「野洲周辺の植生調査報告書　琵琶湖湖南地区の植生」宮脇昭、中村幸人、1981年

本来の森の構成種群を混植・密植すれば、一五年、二〇年と経つにしたがって、高木層、亜高木層、低木層が形成されます。中には自然淘汰によって枯れる木も出てくるでしょう。しかし、そのままにしておけば、林床で土壌生物群によってゆっくりと分解されて養分となり、生き残った木々の生長を助けます。その間に、下草の種や胞子が野鳥や風に運ばれて根付き、草本層も形成され、土地本来の潜在自然植生が顕在化したダイナミックで安定した多層群落の森が完成します。

多層群落の森の力は、あらゆる「いのち」を守りながら、一〇〇〇年、一〇〇〇〇年と生き抜くはずです。

第六章　「天敵」と呼ばれた男

従来型の植樹方式で見られる典型的な「つっかえ棒」

エゴイストの告白

企業主導で始まった「ふるさとの森」づくり。新日鐵大分、八幡から、北海道苫小牧《とまこまい》までの全製鉄所の森づくりを終えたころには、他の企業や行政からの委託調査が次々と舞い込むようになりました。

とりわけ一九七四（昭和四九）年に施行された工場立地法で、新たな工場を作る場合には敷地面積の二〇パーセントに相当する緑地整備が義務づけられたこともあって、企業からの森づくり依頼が続々と入ってきます。

およそロマンチックな自然愛護などに無縁な私。研究者というのは、自分の研究に対して極めてエゴイストです。もちろん私もエゴイストです。

そこに森など不可能と言われているような急斜面、風当たりの強い尾根筋や海岸沿いがあるならば、そのような厳しい立地条件下で宮脇方式の森づくりを成功させようとする。なぜなら成功させて国際学会などで発表したいわけです。

企業から森づくりの依頼があるときには、周辺部も含めた十分な植生調査・研究実施を森づくりの条件にしようとする。なぜなら当時のわれわれには各地に出かけて植生調査を行うお金がなかったからです。だからこそ企業から現地植生調査のための費用をいただくわけです。論文や報告書の印刷費の負担もお願いしました。

一九八〇年代に『日本植生誌』を手掛けるまでは本当にお金がなかった。それこそ文部省に結構面倒な書式の申請書を出して、一年間の調査研究費がようやく一万五〇〇〇円の時代でした。

もちろん、引き受けた仕事の中身には徹底的にこだわりました。植生調査を実施すれば、昼も夜もそのまとめに没頭し、学会で発表しました。お金を出してくれた企業名が入った調査研究成果を数多くまとめ、世界に発信するために欧文のデータ説明と要約（サマリー）も必ず付けました。その論文や報告書と共に企業の名前もまた世界的に残るようにしたのです。

「ふるさとの森」の経済性

続々と入ってくる企業からの森づくり依頼。その背景には企業側のメリットもあったのでしょう。それは従来のいわゆる「緑化」に比べ、その成果と規模がまったく違うこと、そして経済性です。ここで企業との間で共生関係が成り立っていくのです。

「ふるさとの森」は、最初の通気性のよいマウンドづくりには費用と手間がかかります。

しかし、ポット苗を植える方法は、従来の植樹方法である高価な成木をこれまた高価で頑丈なつっかえ棒で固定するものではないため、植樹自体の費用は一〇分の一以下ですみます。

しかもその後のメンテナンスは最初の三年程度の除草のみで、あとはほとんど管理不要。管理費が抑えられるという点と、防災・環境保全林が確実に育つという点で、企業側には植生調査費や印刷費を差し引いてもメリットがあったはずです。

例えば本田技研の場合、それまで全工場と研究所で毎年の植栽管理費に二億二〇〇〇万円もかけていました。

その敷地を実際に見に行くと、一面の芝生とつっかえ棒に支えられた貧弱な木が突っ立っているだけ。そんな緑の管理に毎年二億二〇〇〇万円も注ぎ込んでいたのです。

芝生と森では緑地面積の測定値も違ってきます。しかも、CO_2の吸収力や騒音防止などの点でも大違いです。

では本田技研の芝生だったその場所のいまはどうなっているのか。そこには土地本来の木々による「ふるさとの森」が拡がっています。

中国・万里の長城でも話題になった「つっかえ棒」

一九九七（平成九）年、イオン環境財団の岡田卓也理事長と北京市長の話し合いにより、万里の長城沿いに土地本来の森を再生する計画が決まりました。

日中協力して四〇万本、最終的には一〇〇万本のポット苗を植えることになり、私はそのプロジェクトの責任者に選ばれました。

北京市長主催の夕食会の時のことです。北京市長が私の席に近づき、真顔でこう言うのです。

「宮脇先生、実は日本から自己満足で植樹ツアーに来て欲しくないのです」

私が驚いて「えっ？」と言うと、その理由をこっそり打ち明けてくれました。

「日本から植樹ツアーに来てもらっても、だいたいが三年経つと、つっかえ棒と看板しか残っていないからです」

北京市長は続けてこう言いました。

「私たちは、黄砂を防ぎ、砂漠化を止め、水を貯めて浄化するホンモノの森が欲しいのです」

私は「土地本来の森、ホンモノの森づくりのためにわれわれは来ているのだ」と説明し、そのために樹種の選択は任せて欲しいこと、そして、その主役はモウコナラであることを伝えたのです。

実はその二〇年前の一九七七（昭和五二）年ごろから、中国科学アカデミーや上海の華東師範大学に招かれて、何度も現地植生調査を行っていました。当時は中国政府の監視が厳しく、寺院の周り程度しか調査できなかったのですが、北京以北の寺の裏山にモウコナラが生育していることを確認していました。

そのころからの調査結果を受けて、万里の長城沿い（北京市に属する延慶県付近）には、潜在自然植生の主木であるモウコナラを中心に植えることを提案したわけです。

しかし、北京市人民政府の農林部長や緑化部長は、「そんな木はとうの昔に消えてなくなっている。あるのはポプラ、ニセアカシア、ヤナギ、ハンノキだけです」と言います。それらもまたマツなどと同じパイオニア（先駆植物）です。早く育ちますが、長持ちしません。

議論がかみ合わない中、恐る恐る手をあげたのが、はるか末席にいた延慶県の元林業試験場長の方です。「そういえば松山という自然保護地域にモウコナラが一本ありました」とのこと。自然木が一本でも残っていれば、そのまわりを調べてみると、必ず他にもあるはずです。

ならばと翌日、七〜八人でトラックに乗って、野を越え、山を越え、松山へ。すると、ヒツジもヤギも近づけないような急斜面にモウコナラの樹林が残っていました。

このモウコナラのドングリを毎年一〇〇万粒拾って欲しいとお願いすると、中国側は一万粒だって拾えるわけがないと言います。しかし、中国人は決めたことはやりきります。なんと毎年一〇万〜二〇万粒ものドングリを拾ってきたのです。

その甲斐あって、翌年の一九九八（平成一〇）年七月四日には、第一回目の植樹祭を行うことができたのです。この植樹祭は、イオン環境財団の岡田卓也理事長御夫妻はじめ、日本から一四〇〇名、中国から一二〇〇名の合計二六〇〇名ものボランティアが集い、日中両国の主要メディアが注目する中で盛大に行われました。

中国側は当初、宮脇方式がうまくいくかどうか疑心暗鬼で見ていたようです。しかし、ほとんどすべてのポット苗が見事に芽生えています。その成果を見た中国の現場の役人は私にこう言いました。

万里の長城にて。植樹したモウコナラと筆者。2002年

「宮脇先生、すごいです。不思議です。ポット苗が一〇〇パーセント元気で育っています。しかし、一〇〇パーセントと言えば、北京市人民政府の局長や部長が信用してくれないでしょう。だから、活着率九八パーセントと報告したいのです。どうか宮脇先生、許してください」

中国ではこのほか、上海浦東《プードン》地区、青島《チンタオ》市周辺、広州市、錫《シ》林《リン》浩《ホ》特《ト》（内モンゴル自治区）などでも植樹を行ってきました。

林野庁、造園業者、林業家の「天敵」

中国でも話題になったつっかえ棒。それは植木屋さんたちによるもので、彼らの木を植えてからの生存保証期間は一年間と言われています。本田技研では、ちょうど一三ヵ月目あたりから枯れ始めたようです。

造園業者や林業家の植える木は成木で、まずは枝を落とし、トラックなどで運搬しやすいようにと根までカットします。繰り返しますが「植物は根で勝負」。それだけでも植物の生態を無視したやり方だとわかるでしょう。そして、付加価値を高めるかのように藁《わら》を幹に着せて、三本のつっかえ棒で支えられながら、植えられていきます。

しかも、競争を避けるために疎《まば》らに植える。その後は欠かさず肥料に肥料に水に水。さらには下草刈り、ツル切り、枝打ち、間伐などなど。それらすべてが彼らの収入源になっているのです。

私の短所かもしれませんが、ついつい言わなくてもいいことまで言ってしまう。帰化植物のニセアカシア、そして、いつまでも管理が必要で、自然災害にも弱いマツ、スギ、ヒノキなどの針葉樹の画一的な単植林（モノカルチャー）に対して、いままで何度も「ニセモノ」と呼んできました。

そうしたこともあってか、いつのころからか、宮脇も「ふるさとの森」も、林野庁や造園業者や林業家から「天敵」とみなされるようになります。私自身が直接耳にしたことはありませんが、「ニセモノ」呼ばわりに対抗するかのように、「天敵」呼ばわりされていたようです。

私は木材生産を目的としたマツ、スギ、ヒノキなどの単植林を否定したわけではありません。管理ができないところや自然災害が起きやすい立地での画一的な単植林は危険であると主張してきただけです。

それでも彼らからすると、いままでの自分たちの仕事を否定する存在に見えたのでしょう。あるいは宮脇によって仕事が奪われるとでも思ったのでしょう。

中には宮脇方式で植えられた木を見て、「こんなひょろひょろで大丈夫か」などといった批判を浴びせてくる人もいます。

しかし、それは初期競争段階の特徴であり、一〇年も経てば自然淘汰が始まり、主木群は太り始めます。その姿を見ると、彼らも黙ってしまうのです。

突然の「天敵」訪問

戦後林野庁が主体となって、マツ、スギ、ヒノキなどの針葉樹を国策として国有林に植えてきました。木造家屋の多い日本の都市部の多くが、米軍の焼夷弾《しょういだん》による絨毯《じゅうたん》爆撃によって壊滅的な被害を受けました。その復興のためには当時としては当然だったと思います。

私たちが現地植生調査で日本列島各地の山地に入ると、「よくぞここまで」と敬嘆するほど、険しい山頂から深い谷底にまで、まっすぐ列状に植えられたスギ、ヒノキ、カラマツに遭遇します。

それまでの木を植える主な目的は、木材生産をはじめとする経済的利用でした。しかし、前述のように、一九六四（昭和三九）年の木材輸入全面自由化以降、急激に外材の供給量が増加し、国内林業は経済的に立ちゆかなくなりました。

林業就業者数も激減します。一九六〇（昭和三五）年の四四万人が、二〇〇七（平成一九）年には一割強の約五万人になります。その間に高齢化も進行し、林業就業者の約四分の一が六五歳以上の高齢者です。

戦後復興の時代も過ぎ去り、高度経済成長の時代も終わった。山持ちバブルの時代はもう戻ってこない。これからは防災・環境保全林の時代が来る。私は四〇年来そう訴え続けてきました。訴えるだけではなく、ひとりコツコツと実践してきました。

林野行政に対して、人為活動に敏感な急斜面、尾根筋、水際などには、防災・環境保全林として、その土地本来の潜在自然植生に基づく主木群の常緑広葉樹も植えて欲しいと再三言ってきました。それは批判ではなく提言です。

この提言に対して、さすがに林野庁も最近になって耳を傾けるようになってきました。彼らもまた針葉樹一辺倒のやり方に限界を感じているのでしょう。

二〇〇九（平成二一）年二月、林野庁次長の島田泰助氏（後に林野庁長官）が業務部長を伴って突然私の研究室を訪ねてこられました。そして、こう言われました。

「いままで確かにスギを植えすぎたところもあります。国有林にも防災・環境保全林として、宮脇先生の主張する森をまずは災害地からつくりたいので協力して欲しい」

この発言に対して、私はこう問いました。

「国は一〇〇年以上、スギやヒノキやカラマツ以外は木ではないかのように言ってこられました。トップがやりたいと言っても、現場の森林管理署のみなさんを説得しきれるのですか」

すると島田次長はこう応じられました。

「確かに大変ですが、必ずやりきります」

島田次長は続けます。

「私たちは宮脇先生の成果をしっかりと調べています。ぜひ、協力して欲しい」

「ふるさとの森」づくりの成果だけではなく、過去の私の本や現場の実践から宮脇対策も調べていたのでしょう。「必ずやりきります」との発言にその成果が表れていました。

トップが「やる」と決めたら、現場も動き出すものです。各地の森林管理局が少しずつ動き始めました。

そして、その年の六月に広島県呉市の野呂山国有林で、スギ植林の風倒木跡地に常緑広葉樹のポット苗を植えました。地元の森林管理署の人々、そして全国から集まった各森林管理局の中堅幹部たちも加わって植樹をしたのです。

林野庁と一緒の森づくりなど、自分が生きている間はまず無理だろうと思っていたので正直驚き、感動しました。

「マツ・スギ・ヒノキ」の活かし方

私は針葉樹がすべてダメと言っているわけではありません。針葉樹をすべて常緑広葉樹に変えようと主張しているわけでもありません。針葉樹もよいものは残せばよいのです。下草刈り、枝打ち、間伐、除伐などの適正管理が確実に続けられるのであれば、これからも適地、適木に応じてマツ、スギ、ヒノキなどの針葉樹も必要だと思っています。

そもそも適地の範囲を超えて画一的に単植林（モノカルチャー）にされたところに問題

が潜んでいるのです。マツ、スギ、ヒノキの本来の生育立地をはみだして大量に植えて、管理ができなくなっていることが問題なのです。マツ、スギ、ヒノキそのものが悪いわけではありません。

これからは、なるべく自生していた土地に植え、持続的な適正管理を行いながら、利用していくことを考えればよいのです。

では管理しようにも管理できなくなった場合はどうすればよいのか。マスコミの論調などを見ても、一般的に広く「管理しないと山は荒れる」と言われていますが、これは生態学的に見れば、半分は正しくて、半分は間違いです。土地本来の森は、むしろ無理な下草刈りなどの人間の手を入れずに自然に任せた方がよいのです。潜在自然植生に基づく防災・環境保全林などの多様な機能を果たす土地本来の森、例えば多くの鎮守の森はみだりに手を入れなかったおかげで残ってきたのです。

いまある「マツ・スギ・ヒノキ」を生態学的に活かす方法もあります。将来、経済的にも対応できそうな立木はそのまま残します。一方で暴風などで倒れたり、間伐したマツ、スギ、ヒノキは、焼いたりしないで、そのまま斜面に対して横にして置いておけばよい。そうすればそこに落ち葉もたまって、土壌が豊かになります。

その上で潜在自然植生に基づく「ふるさとの森」づくりを行えば、自ずと土地本来の森へと確実に戻るはずです。多様な防災・環境保全林の役割を果たし、観光資源にもなり得る地域固有の豊かな緑景観を形成するでしょう。大木になったスギ、ヒノキ、マツ、さらには広葉樹林も、慎重に択伐《たくばつ》して利用すればよいのです。

マツ、スギ、ヒノキなどのその土地に合わない客員樹種は一度伐採すればまた植林しなければなりません。しかし、潜在自然植生に基づく土地本来の森は、択伐しても後継樹が待ち構えているので、新旧交代しながらも地域経済とも共生する多彩な機能を果たす多層群落の森の力をいつまでも持続します。

生物の進化という視点からも見ていくと、現在、人間の活動下で大繁茂しているように見えるマツ、スギ、ヒノキなどの針葉樹は、ソテツやイチョウと同じように、シダ植物の次に出現した裸子植物であり、胚珠《はいしゅ》が露出している状態にあります。

花粉分析などの結果を見ると、このような裸子植物であるマツ、スギ、ヒノキなどの針葉樹が、数万年前から約一万年前の最終氷期には日本列島でも大繁茂していました。しかし、現在は被子植物が主流の時代となっています。被子植物の胚珠は包まれています。包まれているために、環境の変化にも強くなったのでしょう。

被子植物とは、樹木では葉の広い広葉樹が主で、照葉樹林域（常緑広葉樹林域）の主木であるシイ、タブ、カシ類が該当し、東北山地や北海道などの落葉（夏緑）広葉樹林域では、ミズナラ、ブナ、カエデ類などが該当します。

つまり、生物の進化という視点から見ても、マツ、スギ、ヒノキなどの針葉樹は、いわば「過去の植物」です。シイ、タブ、カシ類やミズナラ、ブナ、カエデ類などの広葉樹に圧迫されて、尾根筋、岩場、水際などの厳しい立地に追いやられ、局地的に自生していたのです。

宮脇方式などと呼ばれている土地本来の「ふるさとの森」づくりは、私が机の上で考えたものではありません。何百年も何千年も培ってきた自然の森のシステムそのものです。長い生物の進化の歴史そのものです。その枠の中での森づくりを実践しているのです。

官邸での提言

二〇一〇（平成二二）年二月九日、私は鳩山友愛塾で講演を行いました。井上和子塾長も最後まで熱心に聞いてくださっていました。井上塾長は当時の鳩山由紀夫首相のお姉さんです。講演終了後、井上塾長から「これはぜひ由紀夫に教えてあげたい」と言われ、後日首相官邸に招かれることになります。

官邸で意見交換会が行われたのは約二ヵ月後の四月八日。当時の赤松広隆農林水産大臣や島田泰助林野庁長官らも同席されていました。こうした方々を前にしながら、一〇分か一五分ずつ順番に話すことになりました。

この日は俳優の菅原文太さんも招かれていました。菅原さんは「私は宮脇先生のサポーターで来ているのだから、私の時間は全部宮脇先生が話して欲しい」と言ってくださいました。

菅原さんのお言葉に甘えて、私は二〇分程度お話ししたでしょうか。日本中の「ふるさとの森」の再生を国家政策として取り組んで欲しいと申し上げました。

その後、鳩山首相から質問があり、率直にこう提言しました。

「国政にいろいろと大変なことがあってご苦労でしょうが、その多くはいまだけの瞬間的な問題に過ぎません。何よりも優先すべきは、日本の国土を守り、日本人のいのちと文化と遺伝子を未来に向かって守るための取り組みです」

続けてこう言ったのです。

「首相がゴーと言って、農林水産大臣が林野庁に指示すれば、全国の森林管理局や森林管理署の人たちも動きます。国有林内だけにこだわらず、国土全体にいのちの森をつくっていただきたい」

この提言に対して鳩山首相もやる気になってこんなことを口にされました。

「これは国民運動としたいですね」

トップが交代すると簡単に方針を変える。日本ではよく見掛ける光景です。しかし、林野庁の方針は揺るがなかった。その時は、そう見えました。

二〇一一（平成二三）年一月一九日、皆川芳嗣林野庁長官（当時、現・農林水産事務次官）にお目にかかる機会がありました。私は長崎県雲仙普賢岳の火砕流跡で計画されている植樹祭への参加をお誘いしました。これに対して、皆川林野庁長官は「ぜひ行きたい」と約束しました。

さらに二〇〇九（平成二一）年の台風一八号によって被害を受けた愛知県豊橋国有林で計画されていた植樹祭についても関心を示し、一職員としてでも是非参加したいとの意欲を示していただきました。

日本の国土全体に「いのち」を守る「ふるさとの森」をつくる。国民運動がいよいよ始まる。そんな予感さえありました。東日本大震災が刻一刻と迫る中での出来事でした。

第七章　いのちと森

宮城県南三陸町の椿島のタブノキ。震災のあとも大きな影響はなかった。2012年5月

戦争の思い出と「いのち」へのこだわり

忘れたいと思っても忘れられない日があります。私にとってそれは一九四五（昭和二〇）年三月一〇日。死亡・行方不明者は一〇万人以上と言われる東京大空襲があった日です。

私と同じく体が弱くて軍隊に取られなかった長兄・宮脇紀雄が童話作家を志して暮らしていた埼玉県浦和市（現・さいたま市浦和区）の家に到着したのは、その前日三月九日の夕方でした。

前月、米軍の爆撃により名古屋の手前で列車が止まってしまい、東京農林専門学校（現・東京農工大学）の本試験を受けることができなかった。そんな私のために三月一〇日午後一時から再試験を実施してくれることになったので、日本海沿いの山陰本線などを乗り継ぎ、三日三晩かけて上京したのです。

翌朝早いからと床に就いたとたんに空襲警報。外に出てみると、南の空が真っ赤に染まっています。

大変なことになったと思いながらも、さすがに三度目はないだろうからなんとしても試験を受けたい。そう兄に相談すると、東京都の交通局長をしていた兄嫁のお兄さんも責任上出勤するから、三人で歩いて行こうということになりました。

防空頭巾を被って線路伝いに歩いて新宿まで。瓦礫が生々しく残っています。その時、黒こげになって硬直しているご遺体を何体みたことか。そのご遺体をよけながら歩いて行ったのです。その時のことは忘れることができません。

無事に入学できたものの、戦時中のため、グラウンドでは徹底的にしごかれました。教官として来ていた退役陸軍大佐は、「敵は必ず首都東京を目指して鹿島灘か九十九里浜に上陸する。君たちは、帝都を守る防人《さきもり》として、爆雷を抱えて穴に潜み、敵の戦車が来たら爆雷と共に飛び込んで敵を殲滅《せんめつ》するのだ」と毎日のように繰り返していました。

同級生はみんなやる気満々。私もそれなりに覚悟はしていたものの、一人や二人は生き残る者がいるだろうから、できることならその中に入りたいと内心思っていました。

誰もが神風を信じながらも死を覚悟していた時代。そんな時代を生きたからこそ、世界で最も大切なものは何かと問われれば、「いのち」と答えます。地球上で何よりも素晴らしく幸福なことは、「いま、生きている」ということなのです。

いまの人たちは「いのち」の尊さ、はかなさ、厳しさがわかっていないように見えます。最近の日本人を見ていると、ますますそう思うようになってきました。「いのち」への強いこだわり。それはあの悲惨な戦争を知る昭和一桁世代ならではの考え方なのでしょうか。いいえ、そんなことはないはずです。「いのち」にこだわるがために「ふるさとの森」にこだわる。あの悲惨な東日本大震災を経験したいまだからこそ、「いのち」を守る「ふるさとの森」の重要性を真剣に考えて欲しいのです。

考えるきっかけとして、三つの悲惨な大震災を振り返ってみたいと思います。

関東大震災で二万人のいのちを救った緑の壁

一九二三（大正一二）年九月一日に発生した関東大震災。死者・行方不明者合わせて一〇万五〇〇〇人あまり。一九〇万人が被災し、日本災害史上最大級の被害をもたらしました。

よく知られているのは「陸軍本所被服廠《ひふくしょう》跡地惨事」です。陸軍本所被服廠跡（墨田区・現在の横網町公園）には地元警察の誘導もあり、四万人もの人々が逃げ込みましたが、各地から燃え上がった火が強風に煽《あお》られ火災旋風が発生し、三万八〇〇〇人もの「いのち」が奪われました。

その一方で、陸軍本所被服廠跡からわずか南方二キロメートルに位置する旧岩崎別邸（江東区・現在の清澄庭園）には約二万人の市民が逃げ込み、赤ちゃんひとりが踏まれて死亡しましたが、他に亡くなった方はいません。

生死の境を分けたのはなにか。それは、旧岩崎別邸の敷地を囲むようにマウンド（土塁）が築かれ、その上にわずか二〜三メートルの幅に植えられていた火防木があったからです。タブノキやシイ、カシ類の常緑広葉樹が「緑の壁」となって、火災から人々を守ったのです。

邸宅を焼失するなど大きな被害を受けたものの、避難場所としての役割を見事に果たした旧岩崎別邸。三菱創業者の岩崎家は、庭園が発揮した防災機能を重視し、震災翌年に庭園東半分を東京市に寄贈。一九三二（昭和七）年に清澄庭園として開園することになります。冬も緑の立体的な照葉樹林に囲まれた庭園として、現在も多くの市民が訪れています。

阪神・淡路大震災で土地本来の森の力を再認識

科学者は自分の発言や行動に責任を持たなければならない。

これは私の信念です。土地本来のホンモノの樹種は深根性・直根性であるために、火事、台風、洪水、地震にもびくともしないと公言してきました。この私の信念と主張が試される日が突然やってくることになります。

一九九五（平成七）年一月一七日に発生した阪神・淡路大震災。その日、私はボルネオ・サラワク州の山地で熱帯雨林再生のための現地植生調査を行っていました。

三菱商事と共に「熱帯林再生実験プロジェクト」を始めたのは一九九〇（平成二）年のこと。それ以来毎年のように現地で植生調査と植樹を行ってきました。

調査を終えて古い小さなホテルに戻ると三菱商事の社員が「宮脇先生、大変だ。神戸で大きな地震があったらしい」と言います。急いでテレビをつけるとＣＮＮの速報版が悲惨な光景を映し出していました。

被害が少ないことを祈りながらも、もしこの震災で潜在自然植生の主木までもがダメになっていたなら責任問題だと覚悟しました。

ボルネオから帰国して、早速神戸市に入ろうとしましたがうまくいきません。ようやく当時の清水建設の環境部長をされていた方の協力を得ることができたおかげで、関西国際空港からヘリコプターで現地に入ることができました。それは震災発生後一〇日目のことです。

空からの神戸。それはあの時に見た東京大空襲の焼け跡と同じような悲惨な状態です。まだ一部からは煙もあがっていました。

ヘリは何とか海岸防波堤沿いの空き地に着陸できましたが、周囲は液状化の影響で歩くのも困難なほど。防波堤のセメントが上に突き出している様子は最新技術の限界を見せつけているようでした。しかし、そこに植えられていた自生種のヤブツバキは元気そうです。

タクシーをチャーターして神戸市内に入ります。長田区などは鉄筋まで倒れて、赤茶けた瓦礫と化す壮絶な光景が広がっていました。最新の技術によってつくられたはずの高速道路や陸橋や新幹線の橋脚も半壊または全壊し、木造住宅のほとんどが燃え尽きて灰と化しています。

阪神・淡路大震災後、焼け残った公園の「ふるさとの木」

阪神・淡路大震災で延焼を食い止めたアラカシ、クスノキ

私は小さな公園があるたびにタクシーを降りて木の様子を見に行きました。中には市民の避難場所になっている公園もありました。そこには救急車両も止まっていました。その公園の周りにあったのは、潜在自然植生の主木群であるアラカシ、シイノキ、そしてヤブツバキ、シロダモ、モチノキ、さらに潜在自然植生が許容するクスノキなどの常緑広葉樹です。

葉は焼けているものの、そこで火は止まり、木はまだ生きていました。アラカシの並木が特に印象的でした。小道一本隔てたその裏のアパートは延焼を免れています。おそらく常緑広葉樹のアラカシの並木が火を止めたのでしょう。

次に鎮守の森の調査を行いました。鳥居が傾き、建物も焼失している神社もありました。しかし、鎮守の森はどうでしょう。そこにあったシイノキ、カシノキ、モチノキ、シロダモは一本も倒れていません。葉の一部が焼け落ちた個体もありましたが、しっかりと生きていたのです。その年九月に行った再調査では元の姿に戻っていることを確認しました。

最後に向かったのは六甲山です。神戸市の依頼で六甲山の現地植生調査を実施したことがあるので、気になって仕方がなかった。そうです。『日本植生誌』につながる当時の文部省学術国際局研究助成課長の手塚晃氏からの突然の電話を受けたのが六甲山でした。

六甲山周辺の被害も最小でした。その斜面の下に連なる高級住宅地、ここでも土地本来の常緑広葉樹のアラカシ、ウラジロガシ、シラカシ、コジイ、スダジイ、モチノキ、ヤブツバキなどが元気に繁っていました。

鎮守の森、土地本来の森の力を改めて実感すると同時に、いままでの自分の現場からの主張が正しかったと確信した瞬間でした。

東日本大震災の大津波を生き抜く

土地本来のホンモノの樹種は深根性・直根性であるがために、火事、台風、洪水、地震にもびくともしない。ならば大津波に対してはどうなのか。試される日がまたもや突然やって来るのです。

二〇一一（平成二三）年三月一一日の東日本大震災。あの日もまた、私はインドネシアのジャワ島で現地植生調査を行っていました。

山から下りて村の小さなホテルに戻ると、薄暗いロビーで光るローカルテレビ画面。

そこに映し出される濁流。何もかもを呑み込んでいく大津波。それが日本の惨状だと知った時、強い衝撃と深い悲しみに包まれました。日本中が大混乱し、飛行機も大変混雑していたため、すぐに帰国しようと思ったものの、日本中が大混乱し、飛行機も大変混雑していたために帰国できたのは三日後でした。

日本に帰ると、いつも一緒に「ふるさとの森」づくりを行ってきた仙台市青葉区北山の曹洞宗金剛宝山・輪王寺の日置道隆《ひおきどうりゅう》住職に連絡を取り、現地調査を行うことにしました。

震災直後の被災地は混乱しており、一般人はなかなか入れません。そのため、三週間近く経った四月七日と八日に第一回目現地調査を実施。あまりにも冷酷で凄まじいばかりの被災地の姿に言葉を失いました。すべてが瓦礫と化していました。

その瓦礫を見た時、私はどう思ったのか。「この瓦礫は使える」と確信したのです。それは、生態学者として、四〇年間にわたって国内外で現地植生調査に基づく「ふるさとの森」づくりを行ってきた私の直感です。

海岸沿いの「白砂青松」と謳われたマツ林は大津波によってことごとく倒壊。しかも、根こそぎ倒れたマツが津波に流されて内陸にまで達し、家屋や車などに襲いかかる

大津波に耐えて、車両などの流失を止めた防災林。イオン多賀城店
2011年3月18日　イオン（株）提供

という二次的災害をもたらしているところもありました。その一方で、「白砂青松」の林床で自生していたマサキやトベラ、ネズミモチなどの常緑広葉樹は生き残っていました。

二回目の調査で訪れた宮城県南三陸町では、大きなタブノキが太い直根に支えられて、津波を押し返したかのようにしっかりと生き抜いていました。また、岩手県の大船渡中学校近くの道路沿いのタブノキなどもたくましく生き残っていました。

さて、一九九三（平成五）年に地元の人々と一緒に木を植えた、仙台市に隣接したイオン多賀城店はどうなっていたのでしょう。建設廃材などを混入した幅二〜三メートルほどのマウンドの上には、タブノキ、スダジイ、シラカシ、アラカシ、ウラジロガシ、ヤマモモなどがそのままの状態で元気な姿を見せてくれました。

イオンでも震災から一週間後の三月一八日に多賀城店で独自調査を行いました。私たちが植えた木々が大津波を生き抜いたばかりではなく、大津波に乗って流されてきた大量の自動車などをしっかりと受け止めてもなお倒れていなかったのです。

これこそがホンモノの森の力です。

「瓦礫を活かす森の長城プロジェクト」始動

現地調査を続けながら、すぐさま活動を開始します。まず仙台市の市長や南三陸町の町長などに、土地本来の樹種による防災・環境保全林＝「森の防波堤」づくりを提言しました。

さらに内閣府にまで出向いて、政府の東日本大震災復興構想会議に《津波からいのちを護る「森の長城」プロジェクト――瓦礫を生かす。いのちをまもる。力を合わせて築く。未来へのモニュメント》を提出しました。

それから約二ヵ月後の二〇一一（平成二三）年六月二五日には東日本大震災復興構想会議が「復興への提言――悲惨のなかの希望」を当時の菅直人首相に提出。復興構想七原則の冒頭は次のように書かれています。

> 失われたおびただしい「いのち」への追悼と鎮魂こそ、私たち生き残った者にとって復興の起点である。この観点から、鎮魂の森やモニュメントを含め、大震災の記録を永遠に残し、広く学術関係者により科学的に分析し、その教訓を次世代に伝承し、

国内外に発信する。

本気になればなんとかなる。政府関係者への提言活動を続けながらも、あとは実行あるのみです。「瓦礫を活かす森の長城プロジェクト」がいよいよ動き始めます。

二〇一一年七月三一日、仙台市若林区の海岸公園冒険広場で植樹指導。この時には皆川芳嗣林野庁長官や東北森林管理局のみなさんもご参加くださいました。皆川長官は同年七月一〇日に愛知県豊橋国有林で行われた植樹祭にも中部森林管理局のみなさんと共に約束通り参加され、また同年一〇月三〇日に行われた長崎県雲仙普賢岳の植樹祭では、沼田正俊林野庁次長（当時、現・林野庁長官）が降り続く雨の中、九州森林管理局のみなさんと一緒に最後までポット苗を植えられました。

翌二〇一二（平成二四）年三月二〇日、細川護熙《もりひろ》元首相と二人で野田佳彦首相（当時）と都内ホテルでお会いし、「瓦礫を活かす森の長城プロジェクト」を提言。その甲斐あってか、私の提言の一部を取り入れた瓦礫活用の「『みどりのきずな』再生プロジェクト」が林野庁主導でスタートします。

その約一ヵ月後の四月二四日の野田総理官邸ブログ「官邸かわら版」では、「マツだけでなく、広葉樹を植えることで、多様な植生に恵まれた『鎮守の森』のような存在にしたいと思っています」と書いてくださっていますが、はたして本当に鎮守の森になるのでしょうか。実際の植樹の方法を見ていると、林野庁のやる気がまだ私には十分伝わってこないのです。

つづく四月三〇日、岩手県上閉伊郡大槌町で横浜ゴム主催の「千年の杜づくり」植樹会を指導。この時には横浜ゴムの南雲忠信会長はじめ同社の全役員、碇川《いかりがわ》豊大槌町町長の他、細川元首相や細野豪志《ごうし》環境大臣（当時）も参加されました。

そして五月二五日、一般財団法人（のちに公益財団法人へ移行）「瓦礫を活かす森の長城プロジェクト」の設立記者会見を行いました。理事長には細川元首相、理事には作詞家兼プロデューサーの秋元康氏やロバート・キャンベル東大教授、評議員には脚本家の倉本聰《そう》氏らが名を連ねています。

設立記者会見終了後はそのまま細川元首相と共に仙台へと移動。翌五月二六日の宮城県岩沼市空港南公園で井口経明市長の実行力で実施された「千年希望の丘」植樹祭では、細川元首相や輪王寺の日置住職らが汗を流していました。

四月の大槌町と五月の岩沼市の植樹祭。それは、いずれも追悼と鎮魂の想いを込めたものになりました。そのマウンドの下には、東日本大震災で亡くなった方々の思い出も詰まった無毒の倒木、コンクリートの瓦礫が埋められています。

そして、七月五日木曜日。私は天皇皇后両陛下に「常緑広葉樹の植樹による海岸防災の森づくり」についてのご説明を行う機会に恵まれました。

当初四〇分の予定でしたが、両陛下の強いご要望により、三〇分延長し、合計一時間一〇分の貴重なお時間をいただきました。

両陛下は、今回の東日本大震災の復興に対し、深く憂慮され、強い関心を持っておられます。皆が未来に向けて幸福に生きていけるようにと念じておられるご様子を拝見し、心から感動いたしました。

私自身のいのちを懸けて、不幸な危機を克服し、前向きに国家プロジェクト、国民運動として、いのちを守る〝平成の鎮守の森〟を必ずつくりたいと改めて決意しました。

世界の範となるような成果とプロセスを示し、ご聖旨に報いたいと決心し、その際に提出申し上げた資料を本書末尾で紹介しておきます。

さて、ここで昔の論文を紹介したいと思います。

私の手元には関東大震災の翌年一九二四（大正一三）年四月発行の『土木学会誌』（第一

○巻第二号）があります。そこには震災当時の避難場所の状況を記した興味深い論文が掲載されています。

この論文を書いたのは、林野庁の前身である農商務省林業試験場技師・河田杰《まさる》と技手の柳田由蔵の両氏。そのタイトルは「火災と樹林並《ならび》に樹木との関係」となっています。

その論文には「針葉樹は闊葉樹（広葉樹の旧称）よりも耐火性弱き」と明記されています。この教訓を学び、実践していれば、少なくともその後の阪神・淡路大震災の被害を最小限に食い止めることができたのではないでしょうか。

再び大震災が発生した時、今度こそこれまでの教訓は活かされるのでしょうか。私にはまだまだ不安が残っています。政府も林野庁も各省庁もどれだけ本気になっているのでしょうか。

彼らは「あれもダメ、これもダメ」の引き算ばかりが得意です。将来を見据えて、前向きに職を賭《と》してもやりきる覚悟に欠けているのです。万事、決して責任を取ろうとはしません。また、これだけ政権がコロコロと代われば、責任を取ろうにも取れません。ここに本質的な問題があるのです。

「陸軍本所被服廠跡地惨事」のように間違えた方向に誘導することがないように、やればできるの信念のもとに、行政、企業、各団体、市民一丸となっていのちを守る〝平成の鎮守の森〟づくりを進めていこうではありませんか。

死んだ材料と生きている緑の違い

東日本大震災で発生した大津波は、ありとあらゆる人工物を破壊しつくしました。家屋や公共施設はもとより、立派なリゾートホテルや大病院などの鉄骨造りの建造物も呑み込み、中には地下のコンクリート製の基礎部分までもが破壊されているところもありました。

総工費一二〇〇億円という巨費が投じられて二〇〇九（平成二一）年三月に完成した釜石港湾口防波堤。世界最大水深の防波堤としてギネス記録に認定されていました。

この釜石港湾口防波堤も大津波の影響で北堤はほぼ全壊し、南堤も半壊しました。防波堤を破壊した大津波は市街地へと押し寄せ、釜石市全体での死者・行方不明者は一〇〇〇人以上にのぼりました。

現在、四九〇億円を投じて復旧しようとしています。「一定の減災効果があった」とされているものの、ハード面だけの防災対策の限界を如実に示したのではないでしょうか。

自然災害は複合的です。地震が発生すれば、津波も起こり、家屋の倒壊や火災も発生します。台風が来れば、洪水や土石流、停電や断水も起こる場合があります。

こうした複合的な自然災害に対して、ハード面だけの一面的な防災対策だけで対応しようとすれば、経済的負担がどんどんと膨らんでいきます。だからこそ、生きている緑の構築材料をどう使い切るかが勝負です。

しかも、鉄筋やコンクリートなどの人工の材料でつくったものは、どれだけ投資しても、完成した直後が最高・最強状態で、時間とともに必ず劣化するのです。一〇〇年も経てば、おそらくつくり直さなければならないでしょう。

もちろんハード面の個別対応策も必要です。しかし一方で、「いのち」を守る土地本来の「ふるさとの森」づくりも進めていくべきです。

防災・減災の基本は、非生物的な人工の材料と何千年もそこに生き続ける緑の構築材料をどう使い分け、使い切っていくかにかかっています。

死んだ材料は当然生き抜こうとはしません。一方、生きている緑は自ら必死になって生き抜こうとします。ここに大きな違いがあるのです。緑の生命力と再生力を積極的に活用すべきです。森の力を借りればよいのです。森と共に生き抜こうとすればよいのです。いまこそ、鎮守の森をつくり、残し、守ってきた日本人の知恵が試されています。

国土をどのように守っていくか、より強靭《きょうじん》な国土をどのように創生するかといった大きな仕事は、当然国の事業になってきます。その中心になるのは、国土交通省です。じつは私は前身の建設省の時代から、いくつかのプロジェクトを一緒に行ってきました。

プロローグでも取り上げた島根県出雲の地でのヤマタノオロチ退治の植樹祭もそうですが、最初に実施したのは、一九七〇年代末に行った愛媛県の野村ダム建設によって生じた切土盛土斜面につくった「ふるさとの森」でした。

建設省からはじめて調査を依頼された私たちは、野村ダム周辺の植生を調べるという名目で、四国全県で現地植生調査を徹底的に行いました。その成果、知見を踏まえ、一九七八（昭和五三）年にスダジイ、タブノキ、カシ類、ヤマモモ、ホルトノキなどのポット苗を植えました。あれから三〇年以上を経た現在、野村ダム周辺には大火事にも集中豪雨にも大地震にもびくともしないホンモノの森が拡がっています。

しかし、いままでこうした事業は一地方局の一担当者のレベルにとどまり、担当課長がいなくなるとそれで終わり。全国に波及しないという弱点がありました。成功事例・

ノウハウが共有されないのです。これは非常にもったいないことだと思います。

東日本大震災では、ほっこら盛り土構造の仙台東部道路が津波を阻止し、その法面《のりめん》（斜面）を駆け上がった約二三〇人の「いのち」を守ったことが話題になりました。その実績と近隣住民からの強い要望に応え、もうすでに避難階段を設置したとのこと。震災の教訓を活かした素早い対応に感服するとともに、避難階段に加え、法面全体に「いのち」を守る「ふるさとの森」をつくっていただきたい。

これから新たに建設される日本列島海岸沿いの道路や鉄道線路、コンクリート堤防は、瓦礫なども活かした通気性に富んだほっこら盛り土構造を基本とし、その斜面全体に避難階段と「いのち」を守る「ふるさとの森」、そして〝平成の鎮守の森の長城〟をつくっていただきたいのです。

一時的に斜面を開放し、そこで市民参加・市民主役の植樹祭を開催することで、本来あるべきホンモノの公共事業の姿が見えてくるはずです。「危機はチャンス」です。財政難下における現実的かつ持続可能な公共事業の姿が見えてくるはずです。公共事業は誰のためにあるのか。その本質から見直すきっかけになるのではないでしょうか。

防災・減災対策として、鉄筋やコンクリートやアスファルトなどの人工の材料による強靱化に加え、緑の生命力と再生力を活用した市民参加・市民主役の「みどりの強靱化」という開かれた公共事業モデルを新たに提案します。「みどりの強靱化」にバイオマスなども組み合わせることにより、「みどりの雇用」を創出するでしょう。林業再生にも役立つはずです。

しかし、生きている緑の構築材料による防災・減災対策には時間がかかるもの。したがってできるところから、いますぐに始めるべきです。その間に再びその時が来たらどこに逃げ込めばよいのか。例えば都内には自信を持ってお勧めできる場所が存在します。そこもまた誰もが知る鎮守の森です。

第八章　自然の掟

明治神宮林内、実生のシラカシ、アラカシなどの芽生え。2012年9月

明治神宮の鎮守の森は「いのち」を守る緑の心臓

土地本来の森は、都会の中にも、私たちの先人たちの手づくりの成果として存在しています。そして、あらゆる「いのち」を守っているのです。

東京都中央区にある浜離宮恩賜庭園は、江戸時代の代表的な大名庭園。歴代将軍によって幾度かの改修工事が行われ、一一代将軍家斉《いえなり》の時にほぼ現在の姿が完成したとされています。

この庭園では二五〇年以上も前に植えられた常緑広葉樹のタブノキやスダジイなどが、関東大震災や先の大戦での大空襲にも耐えて、いまでもたくましく繁茂しています。しかも、土地本来の高木であるシラカシ、アラカシを主木に、亜高木のヤブツバキ、モチノキ、シロダモ、低木のアオキ、ヤツデ、ヒサカキ、下草のベニシダ、イタチシダ、ヤブランなども見られ、見事な多層群落を形成しています。

そして、誰もが知る明治神宮。その周辺にいる人たちは、何があってもその鎮守の森に逃げ込めば生き延びることができるでしょう。

大正時代につくられた明治神宮の杜《もり》もまた関東大震災を生き抜きました。東京大空襲では大火に包まれ、本殿や社務所などが焼失したものの、クスノキやシイ、カシ類が育っていたおかげで全焼を免れ、いまもなお国民の心のふるさと、憩いの場所として親しまれています。

この明治神宮の杜は、先人たちが知恵を絞ってつくった人工の森の世界最高傑作のひとつです。しかも、数十年、数百年先まで見越してつくられました。現在の日本で最も理想的な都市公園として機能している鎮守の森の代表格といえるでしょう。

先見性、決断力、実行力をもった方々が明治神宮の杜づくりを支えました。中でも本多静六・林学博士は明治神宮造営局参与として貢献された方です。

当時周辺では工場が立ち並びはじめていました。すでに公害も進んでいて、都内の大木・老木が次々と枯れていたのです。そのため公害問題への対策も検討されました。

本多博士らは「帝都は必ずや煙の都になるだろう。煙害に対してスギ、ヒノキ、マツなどの針葉樹は永遠安全に維持することは困難」と考え、主木をシイ、カシ、クスなどの常緑広葉樹と定めました。

『明治神宮御境内林苑計画』（一九二一年、明治神宮造営局技師・本郷高徳著）には、常緑広葉樹のシイ、カシ、クスなどが単に耐煙性を持つだけではなく、その気候条件下において、最も旺盛な生育をし、しかも、自然に落下する種子によって再生し、人為によらなくとも自然に存続する種類であるとの主旨の記述が残されています。

現代の植物生態学や植生学的知見からも、最も確実な原理に沿った極めて重要な事実であり、当事者たちの叡智と先見性は正しく評価されなければならないと思います。

そこには「明治神宮の杜は『常磐《ときわ》の森』でなければならない」と考えた本多博士らの信念が籠《こも》っています。人為によらなくても末永く維持・再生することができ、煙害にも強く、神社にもふさわしいものとして、常緑広葉樹が選ばれたのです。

大隈重信の「マツ・スギ・ヒノキ信仰」

こうした本多博士らの計画に対してクレームをつけてきたのが、時の総理大臣・大隈重信です。そこにも「マツ・スギ・ヒノキ信仰」の一端を垣間見ることができます。

「伊勢神宮や日光の杉並木のような雄大で荘厳な景観が望ましい。藪《やぶ》のような雑木林では神社らしくない」

大隈重信はさらに続けてこう言ったようです。

「未知のものを植えよ、というのではない。清正井《きよまさのいど》の近くには、ひとかかえもあるスギの大木もある。仮に日光のものほど森厳《しんげん》でなくてもよい。よく育つように工夫して、できるだけ培養の方法を講じ、不可能を可能にするのが学問の研究ではないか」

これに対して本多博士はこう答えました。

「清正井近くの大木は、根元から清水が湧き出していて、スギの好む土壌となっており、大木にもなったわけだが、これは例外中の例外で、一般にこの周辺にもスギ林はあるにはあるが、生育がよくない」

さらに本多博士は、樹幹解析法を用いて東京と日光のスギの比較をしながら説明したとのことです。

このやりとりを紹介している明治神宮社務所編『「明治神宮の森」の秘密』（小学館文庫）には、こんなことも書かれています。

「もし神宮の森が、大隈公の意見を取り入れて、スギやヒノキのみでつくられていたら、どんなみじめな状態になったか、想像するだけで空恐ろしい気がします」

では実際はどうだったのか。明治神宮の林苑の造成が始まったのは一九一五（大正四）年のこと。植樹された上位一〇種は、イヌツゲ（二万一七八三本）、クロマツ（一万二三一七本）、クスノキ（八九五七本）、サカキ（七八八六本）、カシ類（六六六六本）、ヒノキ（六二四三本）、ヒサカキ（五九八九本）、アカマツ（四〇五四本）、スギ（三九三八本）、ツツジ類（三七三二本）であり、以下スダジイ、サワラ、ケヤキと続きます。

つまり、寄進された献木は、意図していた森林造成計画に対して合致したものではなかった。クロマツ、ヒノキ、アカマツ、スギといった針葉樹も数多く含まれていたのです。

おそらく献木であったために、断るわけにはいかなかったのでしょう。当事者たちは、すべての献木を捨てることなく、植栽方法で対処しました。

いまはもうマツ、スギ、ヒノキはまったくと言っていいほど少なくなっています。生き残ることができなかったのです。それが自然の掟なのです。

明治神宮の杜は、五〇年、一〇〇年を経て、土地本来の森に近づいています。いまでは限りなく自然に近い森になっています。

私は、「明治神宮鎮座五〇年事業」の一環として、明治神宮の杜の植生調査を依頼され、その調査結果として、「明治神宮宮域林の植物社会学的研究」を一九八〇（昭和五五）年に発表しました。その際に、土地本来の森に近づく様子をしっかりと確認することができたのです。

鎮守の森のタブノキ・クスノキ論争

明治神宮には二〇メートルを超えるクスノキがそびえ立っています。特に西日本にすんでいる人は「鎮守の森と言えばクスノキ」と思っている方も多いでしょう。

明治神宮の造成が始まったころは、クスノキがまだ自生だと思われていました。その後も少なくとも九州あたりまでは自生だと言われてきました。しかし、現在の学説では台湾が北限との見方が有力となっています。

おそらく、はるか昔に丸木舟に乗って誰かが持ってきたのか、それとも海流に乗って種がたどり着いたかのどちらかでしょう。その後はクスノキもまた生育が速いために西日本中心に植えられたのだろうと思います。

丸木舟を作るために、あるいは樟脳《しょうのう》を得るためだったのかもしれません。クスノキの葉を一枚ちぎって匂いを嗅いでみるとわかるはずです。昔は、クスノキから樟脳をつくっていたのです。樟脳は防虫・防腐剤、外用医薬品などで重宝されていました。

植物生態学的に見てもクスノキには子分がいません。鎮守の森でポツンと立っている姿もよく見かけます。土地本来の木であれば、タブノキのように「トップと子分」の関係があるものです。タブノキであれば、同じ常緑広葉樹（亜高木のヤブツバキ、シロダモ、モチノキなど、低木のアオキ、ヤツデ、ヒサカキなど）とセットになった垂直的な多層群落を形成するものです。種の組み合わせの群落組成から見ても、クスノキは西南日本の照葉樹林域の潜在自然植生が許容する範囲内ではあるものの、外来種と言えるのではないでしょうか。

明治神宮のクスノキもこの先一〇〇年や一五〇年は生き延びるかもしれません。しかし、五〇〇年、一〇〇〇年は持たないと思います。その時は、土地本来のシラカシ、アラカシ、アカガシ、ウラジロガシなどのカシ類やスダジイ、タブノキなどを主木とした照葉樹林の森になっているでしょう。

明治神宮の杜に行ってシラカシを探してみましょう。その下には、何十本、何百本ものシラカシ、アラカシ、アカガシなどの幼苗が芽生えていることが確認できるはずです。このまま下草刈りなどの下手な管理さえしなければ、いずれは大部分の立地が、アラカシ、アカガシ、ウラジロガシも混生したシラカシの森になります。

自然とはそういうものです。それも自然の掟なのです。ホンモノの自然の森は、人間の管理なしでも維持できる森であることにも目を向けましょう。

鎮守の森に象徴される土地本来の「ふるさとの森」こそが、最も安定した森の姿であり、そこに緑の生命力と再生力の凄みを感じ取ることができるはずです。

エピローグ　タブノキから眺める人間社会

タブノキの大木になった気分で人間社会を眺めてみれば、日本もまたピンチに見えます。森は私たちのようにおしゃべりではありません。何の理屈も語ろうとはしません。それでもさすがに人間社会のことを心配しているようにも見えます。

植物は根で勝負なら、人間もまた根で勝負。人間の根とは足腰のこと。なにやら人間社会では、頭でっかちな人ばかりが増えて足元フラフラ。いまにも倒れてしまいそうに見えます。

その頭の使い方にしても、どうも私たち日本人は小手先の対応はうまい反面、未来を見据えた長期的な展望、計画、対策の立案・実施は不得意なようです。

東日本大震災後には数多くの政治家や各省庁の方々とお会いしましたが、トップの方を眺めてみても、目先の問題をどうするかという小手先のことでもう必死。私には「秋の田んぼのバッタ取り戦法」にしか見えません。目の前のバッタを取ったところで、バッタはいくらでも出てくるわけで、本質的な解決にはなっていないのです。

人間社会とて自分の欲望だけを追い求めて、他人を打ち負かすような競争関係だけでは成立しません。その一方で、好きなものだけ集めて仲良しグループを組んだところで、周りが見えなくなって別の危険を伴います。「まじぇる・まじぇる・まじぇる（混ぜる・混ぜる・混ぜる）」が本当に必要なのは、政界や官界ではないかと思ったりもします。

植物社会が示した「競争・我慢・共生」のルールは、人間を含めたすべての生物が生き抜くための基本的かつ本質的な掟であり、真実の姿と言えるのではないでしょうか。

私の講演会に参加くださった方からは、植物社会と人間社会が「結構似ている」との感想をいただくことがあります。しかし私からすれば、似ているのではなく同じなのです。アナロジー（類似関係）ではなくて、ホモロジー（相同関係）だと思っています。

生物は元来保守的で一度決められたことは容易に変えられません。中でも動く力のない植物ほど実直に暮らしている生物は他にいません。だからこそ、生物社会の本質がそこにある。植物屋の単純な発想かもしれませんが、私にはそう思えるのです。

現場に出て自然が発している微かな予兆に耳を傾ければ、見えない全体も見えてきます。その奥にある本質も見えてくるものです。

文豪ゲーテが語っているように、自然は「アルス・ガンツハイト」(als Ganzheit)、つまり「全体のつながり」として見ることで初めてその本当の姿が見えてくる。そうやってトータルシステムとしての自然と人間の関係を正しく理解し、人間サイドからの一方的な見方をいまこそ謙虚に見直すべきではないでしょうか。

二〇世紀は科学・技術が花開いた世紀でした。地球の裏側までも一日あれば行けるようになり、遠く離れた人とでも、低コストでダイレクトにコミュニケーションが取れるようになりました。生活もはるかに便利で快適になりました。

世界を理解するための方法としても、理系・文系問わず、科学的手法が取り入れられるようになります。データをとり、分析・計算することで世界の森羅万象《しんらばんしょう》は理解できるようになると信じられてきたのです。

しかし、二〇世紀末から二一世紀にかけて、それは人間の傲《おご》りに過ぎなかったことがはっきりとわかってきたのではないでしょうか。昨今の経済の混乱、原発の問題などはその象徴だと思います。

最新の科学・技術をもってしても「全体のつながり」は見えてきません。いくらコンピューターで計算しても四〇億年続いてきた「いのち」の一瞬、地球的広がりの中での一点しか見えてこないのです。

コンピューター分析の背後に何があるのか。個々のデータを活かしつつも、未来を見据えて、見えないもの、計量化できないもの、お金で換算できないものを含めた時間と空間の総合的な判断、判定、思考、知見、そして哲学、行動、生き方が必要な時代ではないでしょうか。

その上で、守るべきものはしっかりと守ればよいのです。つくるべきものはみんなで力を合わせてつくればよいのです。

私は半世紀以上にわたってホンモノの「いのち」のドラマを現場で見てきました。目の前の「いのち」が新たな「いのち」を生み落とし、さらなる新たなドラマを予感させる。そんな緑の生命力と再生力の凄みを現場で見て、体感してきました。

個々の「いのち」は時間と空間を超えてあらゆる「いのち」につながっています。あらゆる「いのち」のつながりによって全体が成り立ち、ホンモノの「いのち」のドラマが途切れることなく延々と続いてきたのです。だからこそ、「いま、生きている」ということは奇跡的なことであり、何よりも幸福でかけがえのないことなのです。

現場にこだわりながら、見えないものを必死で見ようとすれば、自ずとホンモノを見抜く力も養われます。それは相手が人間でも同じこと。だから私はこの人と信じて裏切られたことがありません。

私がいままで愚直に研究・調査と実践を続けることができたのも、「人・人・人」の支えがあったからこそ。人は人によって育ちます。持つべきは師であり、友人であり、志を同じくする仲間です。

「恋はいつでも初舞台」というけれど、植樹もいつでも初舞台。木を植えるたびに新たな感動、新たな発見、新たな出会いがあります。「いのち」の奥深さを感じます。

そんなことを講演で語った時にひとりの女性が手をあげて、「恋はいつでも初舞台と歌っているのは私の夫です」とおっしゃった。それがきっかけでフィトセラピスト（植物療法士）の池田明子さんとそのご主人である梅沢富美男さんとの交流が始まりました。

こうして「ふるさとの森」づくりを通して多くの仲間と巡り会い、共に汗を流してきました。仲間たちに共通するのは、それぞれに不安を抱えながらも、鋭い先見性と何があってもくじけない勇気と自分の力で未来を切り拓こうとするたくましさであり、行動力です。

中国・雲南省の少数民族には、「森を伐ることは、自分の未来の道を伐ること」という言葉があるそうです。だとすれば「森をつくることは、自分の未来の道をつくること」です。

人が森をつくり、森が人をつくる。ドッシリ構えて全体を眺め見る大木のような心と「危機はチャンス」のたくましき雑草のような魂が培われるのです。

本書で何度も繰り返してきたように、個人の人生において、社会、国家、人類、生物においての、何が一番大切なのか。それは、「いのち」です。

私の、あなたの、あなたの愛する家族、友人、そして日本人、地球人の「いのち」です。何が起こっても、何が足りなくても、生きていればなんとかなるのです。

私はまだ八五歳。いのちの森づくりの一億本の植樹を目指して、みなさんと一緒に明日も明後日も木を植え続けます。東北被災地はもちろんのこと、日本各地、アジア各地、世界各地でいのちあるかぎり、木を植え続けることをみなさんに誓います。

三〇年後の「ふるさとの森の同窓会」でみなさんと再会できますように。東北被災地が元気になりますように。われわれ日本人の「いのち」が守られますように。われわれ日本人のかけがえのない文化と遺伝子が未来につながりますように。そのプロセスと成果が、全世界に広がりますように。

おわりに

本書を終えるにあたって、厳しい戦前戦中にあって、病弱な私を育ててくれた両親はもとより、明日の調査費もない大学時代に支えてくださった多くの先生方、いつも助けてくれた旧友たちに、今日まで一度も言ったことがない程の気持ちを込めて感謝申し上げたいと思います。

人生、本気になればなんとかなる。そう思って独り善がりで生きてきました。二八歳で結婚しても同じことを続けていました。

「危機はチャンス、不幸は幸福」の一九六〇年代。その時、妻のハルが大分の母親から贈られた新品の着物を抱えて質屋に通っていたことも、『魂の森を行け』(新潮文庫)、『宮脇昭、果てなき闘い』(集英社インターナショナル)を書いてくださった一志治夫さんから教えてもらうまで私は知らなかった。だからこそ、誰よりも真っ先にハルに感謝の気持ちを伝えたいと思います。

一九七四年に「神奈川文化賞」を受賞した時、ハルは新聞記者の質問にこう答えました。

「植物は私の恋敵です」

ある時ハルはこんなことも言いました。

「結婚しても、子供が生まれても、そんなことはお構いなし。勝手に好きなところへと出かけて、好きなことをやっているのだから、いつどこで果てようと私は悲しみません」

さらに続けてこう囁《ささや》きました。

「その時が来ても、幸福な人生だったのだろうと冥福《めいふく》を祈ります。だからどうぞ気にしないで、いままでどおり好き勝手やってください」

「好きなこと」という言葉にはいささかこだわりがあるので、「決して嫌いではなかったので続けている」と言い張りたいと思います。

最近よくジャーナリストの方々から、「あなたはいつから植物が好きだったのですか」

と聞かれます。いまでも特に好きとは思いません。しかし、好きではなくとも嫌いでなければ、そして、それが生涯続けられれば、それはそれで有意義な人生だと思います。

本書をまとめることができたのは、講談社現代新書出版部長・田中浩史さんと八咫烏《やたがらす》がトレードマークの特定非営利活動法人「鎮守の森の応援団」理事長・園田義明さんの熱意があったからこそ。二人のホンモノとの出会いに感謝しています。

最後に、いままで長い間、公私にわたって、たゆまない御指導、御支援を戴いている各分野の皆様に深く感謝し、本書を捧げます。

二〇一三年三月

宮脇　昭

参考文献

一志治夫『魂の森を行け――3000万本の木を植えた男の物語』集英社インターナショナル、二〇〇四年
一志治夫『宮脇昭、果てなき闘い』集英社インターナショナル、二〇一二年
河田杰、柳田由蔵「火災と樹林並に樹木との関係」『土木学会誌第一〇巻第二号』一九二四年
国木田独歩『武蔵野』岩波文庫、一九七二年
財団法人国際生態学センター『環境保全林形成のための理論と実践』一九九五年
本郷高徳『明治神宮御境内林苑計画』一九二一年
宮脇昭『植物と人間――生物社会のバランス』NHKブックス、一九七〇年
宮脇昭、藤間凞子、鈴木邦雄『神奈川県における社寺林の植物社会学的調査・研究――神奈川県社寺林調査報告書 第2次調査』神奈川県教育委員会、一九七九年
宮脇昭（編著）『日本植生誌』全一〇巻（1屋久島 2九州 3四国 4中国 5近畿 6中部 7関東 8東北 9北海道 10沖縄・小笠原）至文堂、一九八〇～一九八九年
宮脇昭、中村幸人『野洲周辺の植生調査報告書 琵琶湖湖南地区の植生』横浜植生学会、一九八一年
宮脇昭、奥田重俊、藤原一絵、中村幸人、村上雄秀、鈴木伸一『酒田市の潜在自然植生――緑豊かな都市創造の基礎研究』酒田市、一九八三年
宮脇昭『森はいのち――エコロジーと生存権』有斐閣、一九八七年
宮脇昭『緑回復の処方箋――世界の植生からみた日本』朝日選書、一九九一年

宮脇昭、藤原一絵、小澤正明「ふるさとの木によるふるさとの森づくり――潜在自然植生による森林生態系の再生法（宮脇方式による環境保全林創造）」『横浜国立大学環境科学研究センター紀要19』七三-一〇七、一九九三年
宮脇昭、藤原一絵、中村幸人、木村雅史『産業立地における環境保全林創造の生態学的、植生学的研究』第Ⅰ編、第Ⅱ編、横浜植生学会、一九九三年
宮脇昭『緑環境と植生学――鎮守の森を地球の森に』ＮＴＴ出版、一九九七年
宮脇昭『ＮＨＫ知るを楽しむ　この人この世界　日本一多くの木を植えた男』ＮＨＫ出版、二〇〇五年
宮脇昭『いのちを守るドングリの森』集英社新書、二〇〇五年
宮脇昭「原爆の跡に芽生えたタブノキ」『省エネルギー　八月号』第五七巻第九号、（財）省エネルギーセンター　二〇〇五年
宮脇昭『木を植えよ！』新潮選書、二〇〇六年
宮脇昭『苗木三〇〇〇万本　いのちの森を生む』ＮＨＫ出版、二〇〇六年
宮脇昭『鎮守の森』新潮文庫、二〇〇七年
宮脇昭、池田明子『森はあなたが愛する人を守る』講談社、二〇〇九年
宮脇昭『4千万本の木を植えた男が残す言葉』河出書房新社、二〇一〇年
宮脇昭『三本の植樹から森は生まれる――奇跡の宮脇方式』祥伝社、二〇一〇年
宮脇昭（編著）『日本の植生』一九七七改訂第二版　学研、二〇一一年
宮脇昭、池田武邦『次世代への伝言――自然の本質と人間の生き方を語る』地湧社、二〇一一年

宮脇昭　「日本人と鎮守の森―東日本大震災後の防潮堤林について」『生態環境研究第18巻第Ⅰ号』一七九-一八九、二〇一一年

宮脇昭　『「森の長城」が日本を救う――列島の海岸線を「いのちの森」でつなごう!』河出書房新社、二〇一二年

明治神宮社務所編　『「明治神宮の森」の秘密』小学館文庫、一九九九年

吉村昭　『関東大震災』文藝春秋、一九七三年

Miyawaki, A., 1955. Habitat segregation in *Aster Sublatus* and Three Species of *Erigeron* due to Soil Moisture. *Bot. Mag. Tokyo* 65(802): 105-113

Miyawaki, A., 1656. Quantitative und Morphologische Studien über die ober und unterirdischen Stämme von einigen Krautarten. *Bot. Mag. Tokyo* 69(820-821): 481-488

Miyawaki, A., 1960. Pflanzensoziologische Untersuchungen über Reisfeld-Vegetation auf den Japanischen Inseln mit vergleichender Betrachtung Mitteleuropas. *Vegetatio* 9(6)345-402. Den Haag.

Miyawaki, A., 1973. Pflanzung von Umweltschuz-Wäldern auf Pflanzensoziologischen Grundlage in den Industriegebieten von Japan. *Beispiele von elf Fabriken der Japan-Steel-Comp.* (Muroran, Hokkaido bis Ooita, Kyushu).――Vortrags-Manuskript 1972. In: Ber. d. Int. Symposien d. Inter. Ver. f. Vegetationskunde. Hersg.: R.Tüxen: *Gefährdete Vegetation und deren Erhätung, Rinteln* 27-30, März 1972. J. Cramer Verlag, Vaduz 1981.

Miyawaki, A. & Tüxen, R.,(eds.)1977. Vegetation Science and Environmental Protection. *Proceedings of the*

International Symposium in Tokyo on Protection of the Environment and Excursion on Vegetation Science through Japan. 576pp. Maruzen, Tokyo.

Miyawaki, A., 1993. Restoration of Native Forests from Japan to Malaysia. In:Lieth,H.&Lohmann, M.(eds.) *Restoration of Tropical Forest Ecosystems.* 5-24. Kluwer Academic Publishers,. Netherlands.

Miyawaki, A., 1933. Restoration of Native Forests from Japan to Malaysia. Lieth, H. and M. Lohmann(eds). *Restoration of Tropical Forest Ecosystem.*: 5-24. Kluwer Academic Publs.

Miyawaki, A., & Frank B. Golley., 1993."Forest Reconstruction as Ecological Engineering."*Ecological Engineering* 2(4): 333-45. Elsevier. Amsterdam.

Miyawaki, A., Iwatsuki, K. & Grandtner, M.(eds.)1994. Vegetation in Eastern North America; *Vegetation System and Dynamics under Human Activity in the Eastern North American Cultural Region in Comparison with Japan.* 515pp. Univ. of Tokyo Press, Tokyo.

Miyawaki, A., 1996. Restoration of Biodiversity in Urban and Peri urban Environments with Native Forests.(F. di Castri and T. Younes. eds. *Biodiversity, Science and Development: Towards a new partnership.*: 558-565 CAB International

Miyawaki, A.,1998. Restoration of Urban Green Environments Based on the Theories of Vegetation Ecology. *Ecological Engineering* 11: 157-165. Elsevier, Amsterdam.

Miyawaki, A., 1999. Creative Ecology: Restoration of Native Forests by Native Trees. *Plant Biotechnology* 16(1): 15-25. Japanese Society for Plant Cell and Molecular Biology, Tokyo

Miyawaki, A., 2004."Restoration of Living Environment Based on Vegetation Ecology: Theory and Practice." *Ecological Research* 19:83-90.

Miyawaki, A. & Seiya Abe., 2004."Public Awareness Generation for the Reforestation in Amazon Tropical Lowland Region."*Tropical Ecology* 45(1):59-65

Miyawaki, A., 2010."Phytosociology in Japan. The Past, Present and Future from The Footsteps of One Phytosociologist."*Braun-Blanquetia* 46, 55-58. 2010.

Tüxen,R., 1956. Die Heutige Potentielle Natürliche Vegetation als Gegenstand der Vegetationskartierung. Angew. *Pflanzensoziologie* 13: 5-42. Stolzenau/Weser.

Wilmanns, Otti., 1995 *Laudatio* zu Ehren von AKIRA MIYAWAKI anläBlich der Verleihung des Reinhold Tüxen-Preises 1995 der Stadt Rinteln am 24. März 1995. *Ber. d. Reinh. Tüxen-Ges.* 7:17-27. *Rintelner Symposium* IV. Rinteln, 24-26. 3. 1995. Hannover.

天皇皇后両陛下へのご説明資料

平成二四年七月五日

日本人と鎮守の森――東日本大震災後の防潮堤林について

1　文明、科学・技術と自然災害

人類は、地球上に出現して五〇〇万年と言われていますが、そのほとんどを森の中で生活していました。太古の昔から豊かな恵みの森は人類の生存、生活の基盤でした。人類は二足歩行をし、両手を自由に使って、最初は土や石、次いで銅や鉄を使って道具を作り、やがて文明をつくりあげました。他の動物たちとは比べものにならないほど大脳皮質が発達したため、記憶し、思考し、知識を蓄積して、ものを総合的に考えることができました。そして科学・技術を目覚ましく発達させましたが、それに伴い自然の森を破壊、消滅させていきました。

現在では原子力まで利用して、地域差はあるものの、先達が夢にも思わなかったほど便利で豊かな物やエネルギーがあふれた生活を私たちは手に入れています。いわば今、人類は最高の条件にいます。

この最新の科学・技術を駆使して、自然災害に対する予測や対策は十分行われていたはずです。かつて幾度となく津波の被害に見舞われている釜石では、世界最大の水深（六三メートル）を誇るコンクリートの防波堤（全長二キロ、海面からの高さ八メートル、厚さ二〇メートル）も完成していました。しかし昨年三月一一日、東日本大震災に伴う予測を超えた大津波に耐えきれず、破壊されてしまいました。一〇〇〇年に一度といわれる大震災によって、二万人近い方々の命が一瞬にして奪われています。

人間の力の到底及ばない自然の脅威を今更のように感じ、最も大事なものはいのちであるということに改めて気付かされた一年余でした。

2　森の機能と鎮守の森

およそ四〇億年前に地球に誕生した原始のいのちがよくも切れずに今日までつながり、今私たちは、長いいのちの歴史を未来に伝える一里塚としてこの時を生かされています。

かけがえのない私たちのＤＮＡを未来につなぐ緑の褥《しとね》が、土地本来の〝ふるさとの木によるふるさとの森〟です。ふるさとの森は、高木層、亜高木層、低木層、草本層からなる多層群落の森で、緑の表面積は単層群落の芝生などの三〇倍あります。緑の植物は、地球の生態系の中で唯一の生産者であり、緑が濃縮している土地本来の森は、消費者である人間をはじめとするすべての動物の生存の基盤となっています。また、深根性・直根性の常緑広葉樹からなる森は、多彩な環境保全、災害防止の機能を有し、生物多様性を維持し、炭素を吸収・固定して地球温暖化抑制の働きもしています。

しかし土地本来の森は、世界的に、何百年にもわたる家畜の林内過放牧によって破壊され、また都市化や農地化によって激減しています。日本人も集落や町、農耕地をつくるために森を伐採しましたが、一方では世界で唯一、新しい集落、町づくりの際には必ず、ふるさとの木によるふるさとの森――鎮守の森――を残し、守り、つくってきました。しかしこの鎮守の森も、近年減少の一途をたどっています。神奈川県を例にとれば、二八五〇あった鎮守の森（社寺林）が現在ではわずか四〇しか残っていません。

3　災害に弱いマツ類、強いシイ、タブ、カシ類

大震災の直後から、私たちは被災地の現地植生調査を続けています。海岸沿いに植えられていたマツの単植林は仙台平野などではほとんど根こそぎ倒され、それが二次、三次の津波に数百メートルも流されて、家や車に大きな被害を与えました。ところが、南三陸町や大槌町などの鎮守の森はしっかりと残っています。急斜面に生えている土地本来の樹種であるタブノキ、ヤブツバキ、マサキなども、斜面の土砂が津波に洗われて太い直根や根群が露出していますが、倒れずに津波を抑えています。

新日本製鐵の釜石製鉄所には、三〇年前にタブノキ、シラカシなどをエコロジカルな方法で植えてつくった森があります。海岸沿いの樹林は港をつくる際に整理されましたが、後背地の樹高一〇メートル以上に生長しているシラカシは、林内の幼木やヤブツバキ、マサキ、ネズミモチなどとともに、地震後も残っていました。本物とは厳しい環境に耐えて長持ちするものです。

4　危機をチャンスに　九〇〇〇年続くいのちの森を

日本は自然豊かな美しい国です。同時に、大地震、大火事、大津波、台風、洪水など、自然災害も極めて多い。大事なこと、今すぐやらなければならないことは、一億二〇〇〇万余の国民と国土を守るために、危機をチャンスとして、次の氷河期が来ると予測される九〇〇〇年先までもついのちを守る森をつくることであると確信しています。

ハードな施設づくりも大事ですが、同時に、日本人が古来より新しい集落、町づくりの際に行ってきた鎮守の森づくりの伝統的な知見と、まだ不十分ですが、いのちと環境の総合科学、エコロジー（植物生態学）の研究・成果を踏まえて、あらゆる自然災害に耐える本物の森、二一世紀の鎮守の森をつくることが重要です。私たちは、今すぐできるところからこのエコロジカルな森づくりを行いたいと、各分野の方々に提言し、協力を求めています。

海岸沿いで被害を受けたのだから町を高台に移転するべき、などと言われています。しかし人類文明の歴史を見れば、メソポタミアもエジプトもギリシャも、そして現在でも、ロンドン、ニューヨーク、ボストン、東京、横浜、名古屋、大阪など大都市の多くが海岸沿いに位置しています。海岸沿い、河川沿いは、生態学的に最も豊かで住みやすいところです。

山の迫った日本で、一時的に高台に移転しても、一〇年二〇年経ったら、一人下り、二人下りして、三〇年経つと商店や学校、会社、病院などみんなまた海沿いに戻ってくるでしょう。今まで何世代にもわたって住んでいたところが一番住みよいのです。そこで何があっても生き延びることが大事です。物理学者・寺田寅彦（一八七八〜一九三五）が言っているように、災害は忘れたころに必ずやってきます。市民のいのちを守る森づくりを今すぐできるところから進めていきたいと願っています。

5　瓦礫の多くは地球資源

大震災で生じた瓦礫の処理に政府も地方も困っています。毒は排除しなければなりません。しかし、使えるものは使う。私たちが現地調査したところ、瓦礫の九〇パーセント以上は木質瓦礫や家屋の土台のコンクリート片などです。それは、何世代もそこで生まれ育ち生活していた人びとの歴史や思い出、亡くなった方々の生きていた証の品々が混じっているかもしれません。人びとの想いが詰まっている瓦礫を日本中に無理やり配って焼却が進められています。木質資源の五〇パーセントは炭素ですから、焼けばCO_2が発生し地球温暖化を促進する危険性があります。

私は瓦礫を活かした森づくりを提言しています。被災地の海岸沿いに深い穴を掘り、そこに瓦礫を土と混ぜて入れてできるだけ高いマウンド（丘）を造り、その上に土地本来の樹種の幼苗を植えて、被災した人たちの希望の森、亡くなった方々のための鎮魂の森、いのちを守る二一世紀の鎮守の森をつくる。瓦礫を土と混ぜると通気性のよいマウンドができ、根も呼吸していますから、樹木は健全に育ちます。

国交省OBの方の計算では、瓦礫のすべてを土に混ぜて幅一〇〇メートル、高さ二二メートルのマウンドを被災地南北三〇〇キロの海岸沿いにつくるとすれば、瓦礫はそのマウンドの総土量のわずか四・八パーセントにしかならないようです。毒は排除しなければいけません。しかし、今家庭の台所から出る野菜くずなどのごみなどまですべて一般廃棄物として画一的に焼却処理を義務づけた法律は、昭和四六年、ＤＤＴなど毒性の強い農薬の垂れ流しなどでドジョウやメダカ、タニシなどがいなくなったころに作られたものです。

現在私たちが使っている家具や柱などはすべてを焼却しなければならないのでしょうか。できるだけ地球資源として森づくりのマウンド形成などに使わせていただきたいと願っています。

6　国家プロジェクト・全国民運動として

幸いにも、以前熊本県で一緒に森づくりを進めた細川護熙元総理も瓦礫を活かした森づくりに積極的に協力してくださっています。私たちは野田総理大臣、平野（達男）復興大臣、細野環境大臣などにも直接会ってお願いしました。みなさん熱心に聞いてはくれますが、行政的なシステムが巨大すぎるからか、なかなかことが進まない。その間に、貴重な地球資源である瓦礫がどんどん焼却されていきます。ぜひ今すぐ震災瓦礫といわれる地球資源を積極的に使い切って、土と混ぜながらほっこらとしたマウンドをつくり、森づくりを進めたい。植物の生長に欠かせない酸素が土中に十分含まれるようにするために瓦礫を入れることはきわめて有効です。高価な成木は植えない。確実に生長する土地本来の潜在自然植生の主木群、鎮守の森に生き残ってきた常緑広葉樹の高さ三〇センチほどの幼苗を、自然の森の掟にしたがって混植・密植します。

大事なことは樹種の選択です。マツも大事ですが、マツだけを植える単植林は災害防止の機能は弱い。植物の進化から言えば、今から三億年前は、植物は、化石燃料といわれる石炭・石油の元となったシダ植物の全盛時代でした。そのあと植物はゆっくりと進化して裸子《らし》植物のソテツ、イチョウや、スギ、ヒノキ、マツなどの針葉樹の時代となり、現在は被子《ひし》植物の時代です。樹木でいうと、太平洋側では釜石、大槌町の北までは、葉が広く常緑で、根は深根性・直根性の照葉樹（常緑広葉樹）です。

一九七六年の酒田の大火事の際、火を止めたというタブノキをはじめ、アカガシ、ウラジロガシ、シラカシ、ヤブツバキ、シロダモなど、さらに南に行くとスダジイなどが土地本来の森の主な構成樹種群です。

この主木群を中心に、それを支えるヤブツバキ、モチノキ、ネズミモチ、ヤマモモ、カクレミノなどの亜高木、低木のアオキ、ヤツデ、ヒサカキなどできるだけ多くの種群を選択します。そして根群が容器内に充満するまで半年か一年かけてこれらのポット苗を育苗《いくびょう》し、自然の森の掟にしたがって混植・密植します。三年経てば管理費が要りません。あとは自然淘汰にまかせれば、一〇年で一〇メートル、二〇年で二〇メートル近くに生長し、いのちを守る防災・環境保全林になります。

南北三〇〇キロ、幅一〇〇メートルのマウンドに一平方メートル三本の割で根群の充満したポット苗を植えて森をつくるとすれば、私たちの計算では、ポット苗は九〇〇〇万本必要です。一度にはできません。

私たちはできるところから始めようと、大槌町や仙台平野の岩沼市などで、先見性と決断力をもった首長のもと、試験植樹という形で植樹祭を行いました。全国から集まったボランティアの人たちや細川元総理らと共に植えた苗はしっかりと根付いています。

7　鎮魂と希望の〝平成の森〟を世界に

このいのちの森づくりは、資源の少ない日本が、そのプロセスと成果を世界に発信することのできる未来志向のプロジェクトです。南北三〇〇キロの森の長城は、地域の人たちのいのちを守る森、訪れる人たちに学びと癒しを与える森、緑豊かな地域景観の主役となり地域経済とも共生する森、九〇〇〇年残る本物の森です。このような〝平成の森の長城〟をみんなでつくっていきたいと願っています。

これまで四〇年間、国内外一七〇〇ヵ所で先見性をもった企業、行政、各種団体、そしてなにより多くの市民の皆さんとともに土地本来の樹種の苗木を植えてきましたが、いずれもどんな災害にも耐えていのちを守る森に生長しています。そして大きくなった樹木は、ドイツの林業のように八〇年伐期、一二〇年伐期で択伐すると、広葉樹のケヤキでも一〇〇〇万円以上で売れると聞きますから、地域経済にも寄与します。

日本人一人ひとりが、自分の、愛する家族の、日本の国民のいのちを守るため、そして本物の緑豊かな国土を守るために、自ら額に汗し手を大地に接して、小さな苗を植えていく、その成果とノウハウを日本から世界に発信していきたいと願っています。

現在八四歳ですが、宮脇昭は今後もがんばります。生物学的には女性は一三〇歳、男性も一二〇歳まで生きられるポテンシャルをもっています。何もしないと退化します。私も少なくともこのプロジェクトが実現するまで、皆さんと共に木を植え続けることを公言しています。

今回畏れ多くも貴重な機会を与えていただいたことを心から感謝申し上げます。ありがとうございました。

講談社現代新書 2204

森《もり》の力《ちから》——植物生態学者《しょくぶつせいたいがくしゃ》の理論《りろん》と実践《じっせん》

二〇一三年四月二〇日第一刷発行　二〇一四年五月一三日第四刷発行

著者　宮脇《みやわき》 昭《あきら》　© Akira Miyawaki 2013

発行者　鈴木 哲

発行所　株式会社講談社

東京都文京区音羽二丁目一二―二一　郵便番号一一二―八〇〇一

電話　出版部 〇三―五三九五―三五二一
販売部 〇三―五三九五―五八一七
業務部 〇三―五三九五―三六一五

装幀者　中島英樹

印刷所　大日本印刷株式会社

製本所　株式会社大進堂

定価はカバーに表示してあります　Printed in Japan

N.D.C.471.7　204p　18cm

ISBN978-4-06-288204-0

「講談社現代新書」の刊行にあたって

教養は万人が身をもって養い創造すべきものであって、一部の専門家の占有物として、ただ一方的に人々の手もとに配布され伝達されうるものではありません。

しかし、不幸にしてわが国の現状では、教養の重要な養いとなるべき書物は、ほとんど講壇からの天下りや単なる解説に終始し、知識技術を真剣に希求する青少年・学生・一般民衆の根本的な疑問や興味は、けっして十分に答えられ、解きほぐされ、手引きされることがありません。万人の内奥から発した真正の教養への芽ばえが、こうして放置され、むなしく滅びさる運命にゆだねられているのです。

このことは、中・高校だけで教育をおわる人々の成長をはばんでいるだけでなく、大学に進んだり、インテリと目されたりする人々の精神力の健康さえもむしばみ、わが国の文化の実質をまことに脆弱なものにしています。単なる博識以上の根強い思索力・判断力、および確かな技術にささえられた教養を必要とする日本の将来にとって、これは真剣に憂慮されなければならない事態であるといわなければなりません。

わたしたちの「講談社現代新書」は、この事態の克服を意図して計画されたものです。これによってわたしたちは、講壇からの天下りでもなく、単なる解説書でもない、もっぱら万人の魂に生ずる初発的かつ根本的な問題をとらえ、掘り起こし、手引きし、しかも最新の知識への展望を万人に確立させる書物を、新しく世の中に送り出したいと念願しています。

わたしたちは、創業以来民衆を対象とする啓蒙の仕事に専心してきた講談社にとって、これこそもっともふさわしい課題であり、伝統ある出版社としての義務でもあると考えているのです。

一九六四年四月　野間省一

自然科学・医学

15 数学の考え方――矢野健太郎
1126 「気」で観る人体――池上正治
1138 オスとメス=性の不思議――長谷川真理子
1141 安楽死と尊厳死――保阪正康
1328 「複雑系」とは何か――吉永良正
1343 カンブリア紀の怪物たち――サイモン・コンウェイ・モリス 松井孝典 監訳
1349 〈性〉のミステリー――伏見憲明
1427 ヒトはなぜことばを使えるか 山鳥重
1500 科学の現在を問う 村上陽一郎
1511 優生学と人間社会――米本昌平 松原洋子 橳島次郎 市野川容孝
1581 先端医療のルール――橳島次郎
1598 進化論という考えかた 佐倉統
1689 時間の分子生物学――粂和彦
1700 核兵器のしくみ――山田克哉
1706 新しいリハビリテーション 大川弥生
1759 文系のための数学教室――小島寛之
1786 数学的思考法――芳沢光雄
1805 人類進化の700万年 三井誠
1840 算数・数学が得意になる本 芳沢光雄
1860 ゼロからわかるアインシュタインの発見 山田克哉
1861 〈勝負脳〉の鍛え方――林成之
1880 満足死――奥野修司
1881 「生きている」を見つめる医療――中村桂子 山岸敦
1887 物理学者、ゴミと闘う――広瀬立成
1891 生物と無生物のあいだ――福岡伸一
1925 数学でつまずくのはなぜか 小島寛之
1929 脳のなかの身体――宮本省三
2000 世界は分けてもわからない 福岡伸一
2011 カラー版ハッブル望遠鏡宇宙の謎に挑む 野本陽代
2023 ロボットとは何か――石黒浩
2039 ソーシャルブレインズ入門 藤井直敬
2097 〈麻薬〉のすべて――船山信次
2122 量子力学の哲学――森田邦久
2166 化石の分子生物学――更科功
2170 親と子の食物アレルギー――伊藤節子
2191 DNA医学の最先端 大野典也
2193 〈生命〉とは何だろうか 岩崎秀雄
2204 森の力――宮脇昭

日本語・日本文化

105 タテ社会の人間関係　中根千枝
293 日本人の意識構造——会田雄次
444 出雲神話——松前健
1193 漢字の字源——阿辻哲次
1200 外国語としての日本語——佐々木瑞枝
1239 武士道とエロス——氏家幹人
1262 「世間」とは何か——阿部謹也
1432 江戸の性風俗——氏家幹人
1448 日本人のしつけは衰退したか——広田照幸
1738 大人のための文章教室　清水義範
1943 なぜ日本人は学ばなくなったのか——齋藤孝
2006 「空気」と「世間」——鴻上尚史
2007 落語論——堀井憲一郎
2013 日本語という外国語　荒川洋平
2033 新編　日本語誤用・慣用小辞典　国広哲弥
2034 性的なことば——井上章一　斎藤光　澁谷知美　三橋順子　編
2067 日本料理の贅沢——神田裕行
2088 温泉をよむ——日本温泉文化研究会
2092 新書　沖縄読本——下川裕治　仲村清司　著・編
2126 日本を滅ぼす〈世間の良識〉——森巣博
2127 ラーメンと愛国——速水健朗
2133 つながる読書術——日垣隆
2137 マンガの遺伝子——斎藤宣彦
2173 日本人のための日本語文法入門——原沢伊都夫
2200 漢字雑談——高島俊男